Mittal Chaudhary
N. K. Patel
Shital Parmar

Informações sobre os nectários florais das Angiospérmicas

Mittal Chaudhary
N. K. Patel
Shital Parmar

Informações sobre os nectários florais das Angiospérmicas

Imprint
Any brand names and product names mentioned in this book are subject to trademark, brand or patent protection and are trademarks or registered trademarks of their respective holders. The use of brand names, product names, common names, trade names, product descriptions etc. even without a particular marking in this work is in no way to be construed to mean that such names may be regarded as unrestricted in respect of trademark and brand protection legislation and could thus be used by anyone.

Cover image: www.ingimage.com

This book is a translation from the original published under ISBN 978-620-6-77462-4.

Publisher:
Sciencia Scripts
is a trademark of
Dodo Books Indian Ocean Ltd. and OmniScriptum S.R.L publishing group

120 High Road, East Finchley, London, N2 9ED, United Kingdom
Str. Armeneasca 28/1, office 1, Chisinau MD-2012, Republic of Moldova, Europe
Printed at: see last page
ISBN: 978-620-8-14916-1

Copyright © Mittal Chaudhary, N. K. Patel, Shital Parmar
Copyright © 2024 Dodo Books Indian Ocean Ltd. and OmniScriptum S.R.L publishing group

CONHECIMENTO DOS NECTÁRIOS FLORAIS

DAS ANGIOSPÉRMICAS

BY

Dr Mittal Chaudhary,
Assistant professor in Botany
M.N. College, Visnagar,
Gujarat Education Services Class-II

Miss Shital G. Parmar,
M.sc Student
Adarsh P.G. College, Patan,
Hemchandracharya North Gujarat University, Patan.

Dr. N.K. Patel Associate Professor,
Sheth M.N. Science College, Patan.
Hemchandracharya North Gujarat University, Patan.

Índice

INTRODUÇÃO

A relação evolutiva entre as flores e os seus polinizadores tem fascinado os cientistas desde os primeiros anos da biologia evolutiva. Este fascínio deve-se, em grande parte, à notável diversidade de formas e tamanhos das flores e à tendência de algumas flores de J. corresponderem à morfologia dos seus polinizadores (Temeles, 1996). Darwin (1862) foi um dos primeiros a documentar tanto a variação na estrutura das flores como a correspondência entre a morfologia das flores e dos polinizadores. As flores das angiospermas variam muito em tamanho, forma e cor.

A flor é um órgão composto, com todas as suas complexidades estruturais presumivelmente adaptadas à reprodução sexual. As formas florais são estudadas há mais de dois séculos (Sprengel, 1793). Desde antes de Darwin que os biólogos sabem que a produção de néctar desempenha um papel importante na polinização das flores (Sprengel, 1793). Estudos recentes mostraram que as respostas dos polinizadores às diferenças na disponibilidade de néctar podem ter efeitos importantes no sucesso reprodutivo das plantas (Pyke et al, 1988; Mitchel e Waser, 1992 e Mitchell, 1993). Os néctares são ecologicamente importantes porque os néctares são locais onde são produzidas substâncias líquidas que são fornecidas a vários animais que participam no ião. A planta mais antiga que ainda hoje tem néctar vivo pertence às Pteridophyta. Pteridium aquilinum, um feto quase cosmopolita cujos nectários são uma recompensa para as formigas que protegem as plantas dos predadores (Heads e Lawton, 1985). Nos fungos vegetais, os nectários só se encontram em certas espécies de Chlamydospermae, como a Ephedra sp. e a Welwitschia, que está envolvida na polinização (Bino et al., 1984 e Wetschnig e Depisch, 1999). Os vasos de néctar são mais comuns em angiospérmicas que remontam ao Cretáceo Superior, quando os vasos de néctar eram tanto florais como florais (Friis e Endress, 1990). A existência de pescoços é de natureza biológica porque está relacionada com a função vital da polinização.

A polinização é bem sucedida em muitas espécies de plantas porque os polinizadores procuram o néctar (Southwick et al, 1981).

O nectário é um tecido excretor comum das angiospérmicas: produz néctar, uma solução açucarada que é considerada um dos produtos mais importantes para muitas espécies de polinizadores (Fahn, 1979). Linne (1735) cunhou o termo "nectário". Caspary (1848) separou os nectários florais e extraflorais com base na estrutura, e Delpino (1868-75) propôs os termos nectários nupciais e extraflorais com base na função. Schmid (1988) propôs uma classificação topográfica ampla e vários termos para os nectários.

Uma história inicial do estudo dos vasos de néctar é apresentada por (Beherens, 1879 e Bonnierand 039; 1879). Nos séculos XVII e XIX, os cientistas dedicaram muita atenção ao estudo da secreção do néctar. O nectário é muito diferente em termos de disposição e de forma. Os néctares podem ter diferentes morfologias, podem encontrar-se nas partes vegetativas (nectários extraflorais) ou nas partes reprodutivas das plantas (nectários florais) (Fahn, 1953, 1979a). Os nectários florais participam no processo de polinização e estão localizados no interior da flor, enquanto os nectários extraflorais estão localizados em órgãos vegetativos ou em partes da flor. Além disso, existem nectários pós-florais onde a produção de néctar continua após a antese e durante o desenvolvimento do fruto e protege as sementes em desenvolvimento (Fegri e Pijl, 1979 e Gracie, 1991). Os nectários florais ocorrem em várias partes da flor e têm sido utilizados na taxonomia e filologia das plantas (Fahn, 1979). Os nectários estão ligados aos feixes vasculares regulares dos órgãos em que ocorrem, ou contêm glândulas especiais ligadas às glândulas regulares. As células epidérmicas, os tricomas ou as células do parênquima nectarífero segregam o néctar (Fahn, 1988). Os diferentes aspectos da produção de néctar, as quantidades de néctar disponíveis, a sua composição química, incluindo os requisitos qualitativos e quantitativos, são necessários para correlacionar as observações de campo das visitas de herbívoros e os múltiplos eventos de polinização.

Fenologia da floração A fenologia da floração de uma planta individual inclui a data da primeira floração, a duração da floração e o número de flores produzidas pela planta em diferentes alturas (Schmitt, 1983). A fenologia da floração pode fornecer informações sobre a avaliação temporal e quantitativa da disponibilidade dos recursos dos polinizadores e dos factores ambientais que podem variar com os dados meteorológicos. Dinâmica floral O tempo de floração e antese na maioria das plantas é tal que é sincronizado com a presença de polinizadores abundantes (Sihag, 1993). A floração diária foi considerada uma adaptação para atrair polinizadores regularmente (Baker, 1961 e Faegri e Pijl, 1979). Topografia do néctar O problema da localização do néctar nas plantas é interessante de um ponto de vista filogenético. A forma e a posição dos nectários na flor têm sido utilizadas por razões taxonómicas e filogenéticas. O comportamento e a atividade dos visitantes florais são também influenciados pela posição do néctar na parte floral. Fahn (1952) contribuiu grandemente para o conhecimento dos nectários e do néctar em geral. Fahn (1953) estudou a posição do néctar floral em várias famílias e propôs que existe uma tendência filogenética geral na migração do néctar do perianto acrocentrípeto para a base do ovário e estilo. A principal direção filogenética na localização do néctar na flor é acrocentrípeta, ou seja, a migração dos tecidos do néctar do exterior para os órgãos internos e da sua parte inferior para as partes externas no ninho. A classificação topográfica mais satisfatória dos nectários foi dada por Fahn (1952), que identificou cinco tipos principais: torácico, ovário, estilar, estaminado e perigonial. Schmid (1988) propôs igualmente uma classificação dos vasos nectaríferos e modificou certas terminologias. A relação evolutiva entre as flores e os seus polinizadores fascina os cientistas desde os primeiros anos da biologia evolutiva. Este fascínio deve-se, em grande parte, à notável diversidade de formas e tamanhos das flores e à tendência de algumas flores de J. para corresponderem à morfologia dos seus polinizadores (Temeles, 1996). Darwin (1862) foi um dos primeiros a documentar tanto a variação na estrutura das flores como a correspondência entre a morfologia das flores e dos polinizadores. As flores das angiospermas variam muito em tamanho, forma e cor. Uma flor é um órgão composto, com todas as suas complexidades estruturais presumivelmente adaptadas à reprodução sexual. As formas das flores são estudadas há mais de dois séculos (Sprengel, 1793).

Desde antes de Darwin que os biólogos sabem que a produção de néctar desempenha um papel importante na polinização das flores (Sprengel, 1793). Estudos recentes mostraram que as respostas dos polinizadores às diferenças na disponibilidade de néctar podem ter efeitos importantes no sucesso reprodutivo das plantas (Pyke et al, 1988; Mitchel e Waser, 1992 e Mitchell, 1993). Os néctares são ecologicamente importantes porque os néctares são locais onde são produzidas substâncias líquidas que são fornecidas a vários animais que participam no ião. A planta mais antiga que ainda hoje tem néctar vivo pertence às Pteridophyta. Pteridium aquilinum, um feto quase cosmopolita cujos nectários são uma recompensa para as formigas que protegem as plantas dos predadores (Heads e Lawton, 1985). Nos fungos vegetais, os nectários só se encontram em certas espécies de Chlamydospermae, como a Ephedra sp. e a Welwitschia, que está envolvida na polinização (Bino et al., 1984 e Wetschnig e Depisch, 1999). Os vasos de néctar são mais comuns em angiospérmicas que remontam ao Cretáceo Superior, quando os vasos de néctar eram tanto florais como florais (Friis e Endress, 1990). A existência de pescoços é de natureza biológica porque está relacionada com a função vital da polinização. A polinização é bem sucedida em muitas espécies de plantas porque os polinizadores procuram o néctar (Southwick et al, 1981).

O nectário é um tecido excretor comum das angiospérmicas: produz néctar, uma solução açucarada que é considerada um dos produtos mais importantes para muitas espécies de polinizadores (Fahn, 1979). Linne (1735) cunhou o termo "nectário". Caspary (1848) separou os nectários florais e extraflorais com base na estrutura, e Delpino (1868-75) propôs os termos nectários nupciais e extraflorais com base na função. Schmid (1988) propôs uma classificação topográfica ampla e vários termos para os nectários. Uma história inicial do estudo dos vasos nectaríferos é apresentada por (Beherens, 1879 e Bonnierand#039; 1879). Nos séculos XVII e XIX, os cientistas dedicaram muita atenção ao estudo da secreção do néctar. O nectário é muito diferente em termos de disposição e forma. Os néctares podem ter diferentes morfologias, podem ser encontrados em partes vegetativas (nectários extraflorais) ou reprodutivas das plantas (nectários florais) (Fahn, 1953, 1979a).

Os nectários florais participam no processo de polinização e estão localizados no interior da flor, enquanto os nectários extraflorais estão localizados em órgãos vegetativos ou partes da flor. Além disso, existem nectários pós-florais onde a produção de néctar continua após a antese e durante o desenvolvimento do fruto e protege as sementes em desenvolvimento (Fegri e Pijl, 1979 e Gracie, 1991). Os nectários florais ocorrem em várias partes das flores e têm sido utilizados na taxonomia e filologia das plantas (Fahn, 1979). Os nectários estão ligados aos feixes vasculares regulares dos órgãos em que ocorrem, ou contêm glândulas especiais ligadas às glândulas regulares. As células epidérmicas, os tricomas ou as células do parênquima nectarífero segregam o néctar (Fahn, 1988). Os diferentes aspectos da produção de néctar, as quantidades de néctar disponíveis, a sua composição química, incluindo os requisitos qualitativos e quantitativos, são necessários para correlacionar as observações de campo das visitas de herbívoros e os eventos múltiplos de polinização. Fenologia da floração A fenologia da floração de uma planta individual inclui a data da primeira floração, a duração da floração e o número de flores produzidas pela planta em diferentes alturas (Schmitt, 1983).

A fenologia da floração pode fornecer informações sobre a avaliação temporal e quantitativa da disponibilidade dos recursos dos polinizadores e dos factores ambientais que podem variar com os dados meteorológicos. Dinâmica floral O tempo de floração e antese na maioria das plantas é tal que é sincronizado com a presença de polinizadores abundantes (Sihag, 1993). A floração diária foi considerada uma adaptação para atrair polinizadores regularmente (Baker, 1961 e Faegri e Pijl, 1979). Topografia do néctar O problema da localização do néctar nas plantas é interessante de um ponto de vista filogenético. A forma e a posição dos nectários na flor têm sido utilizadas por razões taxonómicas e filogenéticas. O comportamento e a atividade dos visitantes florais são também influenciados pela posição do néctar na parte floral. Fahn (1952) contribuiu grandemente para o conhecimento dos nectários e do néctar em geral. Fahn (1953) estudou a posição do néctar floral em várias famílias e propôs que existe uma tendência filogenética geral na migração do néctar do perianto acrocentrípeto para a base do ovário e do estilo.

A principal direção filogenética na localização do néctar na flor é acrocentrípeta, ou seja, a migração dos tecidos do néctar do exterior para os órgãos internos e da sua parte inferior para as partes externas no ninho. A classificação topográfica mais satisfatória dos nectários foi dada por Fahn (1952), que identificou cinco tipos principais: torácico, ovário, estilar, estaminado e perigonial. Schmid (1988) propôs igualmente uma classificação dos vasos nectaríferos e modificou certas terminologias. A relação evolutiva entre as flores e os seus polinizadores fascina os cientistas desde os primeiros anos da biologia evolutiva. Este fascínio deve-se, em grande parte, à notável diversidade de formas e tamanhos das flores e à tendência de algumas flores de J. para corresponderem à morfologia dos seus polinizadores (Temeles, 1996). Darwin (1862) foi um dos primeiros a documentar tanto a variação na estrutura das flores como a correspondência entre a morfologia das flores e dos polinizadores. As flores das angiospermas variam muito em tamanho, forma e cor. Uma flor é um órgão composto, com todas as suas complexidades estruturais presumivelmente adaptadas à reprodução sexual. As formas das flores são estudadas há mais de dois séculos (Sprengel, 1793).

Desde antes de Darwin que os biólogos sabem que a produção de néctar desempenha um papel importante na polinização das flores (Sprengel, 1793). Estudos recentes mostraram que as respostas dos polinizadores às diferenças na disponibilidade de néctar podem ter efeitos importantes no sucesso reprodutivo das plantas (Pyke et al, 1988; Mitchel e Waser, 1992 e Mitchell, 1993). Os néctares são ecologicamente importantes porque os néctares são locais onde são produzidas substâncias líquidas que são fornecidas a vários animais que participam no ião. A planta mais antiga que ainda hoje tem néctar vivo pertence às Pteridophyta. Pteridium aquilinum, um feto quase cosmopolita cujos nectários são uma recompensa para as formigas que protegem as plantas dos predadores (Heads e Lawton, 1985). Nos fungos vegetais, os nectários só se encontram em certas espécies de Chlamydospermae, como a Ephedra sp. e a Welwitschia, que está envolvida na polinização (Bino et al., 1984 e Wetschnig e Depisch, 1999). Os vasos de néctar são mais comuns em angiospérmicas que remontam ao Cretáceo Superior, quando os vasos de néctar eram tanto florais como florais (Friis e Endress, 1990). A existência de pescoços é de natureza biológica porque está relacionada com a função vital da polinização. A polinização é bem sucedida em muitas espécies de plantas porque os polinizadores procuram o néctar (Southwick et al, 1981). O néctar é um tecido excretor comum das angiospérmicas: produz néctar, uma solução açucarada que é considerada um dos produtos mais importantes para muitas espécies de polinizadores (Fahn, 1979). Linne (1735) cunhou o termo "nectário". Caspary (1848) separou os nectários florais e extraflorais com base na estrutura, e Delpino (1868-75) propôs os termos nectários nupciais e extraflorais com base na função. Schmid (1988) propôs uma classificação topográfica ampla e vários termos para os nectários. Uma história inicial do estudo dos vasos nectaríferos é apresentada por (Beherens, 1879 e

Bonnier e 1879).

Nos séculos XVII e XIX, os cientistas dedicaram muita atenção ao estudo da secreção do néctar. O nectário é muito diferente em termos de disposição e de forma. Os néctares podem ter diferentes morfologias, podem ser encontrados em partes vegetativas (nectários extraflorais) ou reprodutivas das plantas (nectários florais) (Fahn, 1953, 1979a). Os nectários florais participam no processo de polinização e estão localizados no interior da flor, enquanto os nectários extraflorais estão localizados em órgãos vegetativos ou em partes da flor. Além disso, existem nectários pós-florais onde a produção de néctar continua após a antese e durante o desenvolvimento do fruto e protege as sementes em desenvolvimento (Fegri e Pijl, 1979 e Gracie, 1991).

Os nectários florais ocorrem em várias partes das flores e têm sido utilizados em taxonomia e filologia vegetal (Fahn, 1979). Os nectários estão ligados aos feixes vasculares regulares dos órgãos em que ocorrem, ou contêm glândulas especiais ligadas às glândulas regulares. As células epidérmicas, os tricomas ou as células do parênquima nectarífero segregam o néctar (Fahn, 1988). Os diferentes aspectos da produção de néctar, as quantidades de néctar disponíveis, a sua composição química, incluindo os requisitos qualitativos e quantitativos, são necessários para correlacionar as observações de campo das visitas dos herbívoros e os múltiplos eventos de polinização.

Fenologia da floração A fenologia da floração de uma planta individual inclui a data da primeira floração, a duração da floração e o número de flores produzidas pela planta em diferentes alturas (Schmitt, 1983). A fenologia da floração pode fornecer informações sobre a avaliação temporal e quantitativa da disponibilidade dos recursos dos polinizadores e dos factores ambientais que podem variar com os dados meteorológicos. Dinâmica floral O tempo de floração e antese na maioria das plantas é tal que é sincronizado com a presença de polinizadores abundantes (Sihag, 1993). A floração diária foi considerada uma adaptação para atrair polinizadores regularmente (Baker, 1961 e Faegri e Pijl, 1979).

Topografia do néctar O problema da localização do néctar nas plantas é interessante de um ponto de vista filogenético. A forma e a posição dos nectários na flor têm sido utilizadas por razões taxonómicas e filogenéticas. O comportamento e a atividade dos visitantes florais são também influenciados pela posição do néctar na parte floral. Fahn (1952) contribuiu grandemente para o conhecimento dos nectários e do néctar em geral. Fahn (1953) estudou a posição do néctar floral em várias famílias e propôs que existe uma tendência filogenética geral na migração do néctar do perianto acrocentrípeto para a base do ovário e do estilo.

A principal direção filogenética na localização do néctar na flor é acrocentrípeta, ou seja, a migração dos tecidos do néctar do exterior para os órgãos internos e da sua parte inferior para as partes externas no ninho. A classificação topográfica mais satisfatória dos nectários foi dada por Fahn (1952), que identificou cinco tipos principais: torácico, ovário, estilar, estaminado e perigonial. Schmid (1988) também propôs uma classificação dos vasos nectaríferos e modificou certas terminologias. Schmid (1988) também propôs a classificação dos nectários e fez certas recomendações terminológicas após considerar os nectários reprodutivos e extra reprodutivos. Fahn (1979) apresentou uma classificação topográfica dos nectários florais mostrando nove tipos distintos.

Entre eles, o "ovarian nectar feederquot; contém nectários colocados em septos) entre carpelos adjacentes. Os nectários septados ou nectários ginopleurais são definidos por Smets e Cresens (1988). Os nectarídeos ginopleurais são restritos às monocotiledóneas, onde representam o néctar floral mais comum (Smets et al 2000). Estrutura do néctar O estudo dos nectários e do néctar em muitas espécies de ovários é uma área de investigação interessante. Com o desenvolvimento de técnicas de microscopia eletrónica de luz e de varrimento, o interesse pelo estudo dos nectários reavivou-se nos últimos anos. Estudos recentes visam elucidar o mecanismo de secreção do néctar floral e a ultra-estrutura dos néctares.

O néctar é anatomicamente definido como uma estrutura glandular mais ou menos localizada, frequentemente multicelular (alguns nectários são pêlos unicelulares), que se encontra em órgãos de crescimento ou reprodutivos e que segrega regularmente néctar, uma solução doce que contém principalmente açúcares e que funciona geralmente como uma recompensa. para proteção contra polinizadores ou herbívoros (por exemplo, formigas) ou plantas carnívoras para atrair presas animais. Os nectários podem ser constituídos por tecidos especializados que são histologicamente distintos dos tecidos adjacentes, ou seja, nectários estruturais, ou podem ser constituídos por tecidos não especializados, ou seja, nectários não estruturais. Os nectários têm uma superfície muito típica, geralmente verde-amarelada escura e brilhante.

As células do tecido nectarífero contêm normalmente um citoplasma escuro, do qual se distinguem grânulos abundantes. As diferenças histológicas nos vasos nectaríferos estão sobretudo relacionadas com a secreção de néctar. Com base neste facto, foram distinguidos diferentes tipos de tecidos nectaríferos. As células epidérmicas normais segregam néctar através de tricomas, ou células do parênquima nectarífero, que segregam para os espaços intercelulares e sobem à superfície através de estomas modificados. As células das quais o néctar é eliminado são chamadas células secretoras de néctar (Fahn, 1979).

ÁREA DE ESTUDO

Gujarat:

O Estado de Gujarat está situado na costa ocidental da Índia. O estado de Gujarat é a tradição e a etnia de vários hindus locais, como os Gurjars que aí viveram durante muito tempo. Também se podem encontrar vestígios da civilização Harappan em todos os cantos das cidades de Gujarat, sempre perto de colinas e montanhas. Existem 33 distritos em Gujarat. Como a área de estudo pertence ao norte de Gujarat.

Gujarat do Norte:

A região de Gujarat do Norte situa-se na parte norte do estado de Gujarat e partilha a sua fronteira norte com o estado do Rajastão. A região de Gujarat do Norte pertence à zona biogeográfica IV e à província biotila 4B do Gujarat semi-árido. Abrange a maior parte da área florestal, estendendo-se por 2 550 quilómetros quadrados, embora não seja contígua, e inclui duas reservas e florestas de reserva adjacentes intercaladas com manchas de ecossistema agrícola. Toda a área de estudo está localizada no distrito de Mehsana, no norte de Gujarat.

Patan:

Patan é um dos distritos do estado indiano ocidental de Gujarat. Situa-se entre 230 23' e 240 9' N e 710 2' e 72 0 29' E. A sua distância este-oeste é de 146,72 km e a distância norte-sul é de 84,568 km. É limitado a norte e noroeste e pelo distrito de Banaskantha a sul - distrito de Kachchhi a oeste, distrito de Surendranagar a sul e distrito de Mehsana a leste. A área total do distrito de Patan é de 5722,0 quilómetros quadrados. Em termos de área, esta região é a 14ª. A área total de florestas na região é de 482,95 quilómetros quadrados. Todo o distrito é drenado pelos seguintes rios: (1) Rupen (2) Banas (3) Khari e (4) Sarasvati.

(1) O Rupen corre para uma pequena margem de Kutch perto de Taranagar depois de passar

através da Taluka de Chanasma.

(2)   As bananas chegam a Sami taluka a partir da aldeia kakhal de Harij taluka.

(3)   O khari passa por Masa Harij taluka e pela aldeia de Dunawada.

(4)   O Sarasvati provém de Vadgam Taluka, no distrito de Banaskantha. Famoso por fluir entre as duas povoações acima mencionadas, o rio Sarasvati é a razão dos nomes Kanodar e Majadar. O rio corre depois para o taluka de Siddhpur e para Kotvadi, que fica perto da aldeia de Majadar. De Kotvadi a Khalipur, o rio Arjun chega ao Sarasvati através de Dethal. Posteriormente, o rio corre em direção a Dunawada (Roda), Sami Taluka e, finalmente, um pequeno riacho em Kutch.

CARACTERÍSTICAS GEOGRÁFICAS:

TIPO DE CLIMA:

Gujarat tem um clima tropical. O clima da região é definido por Verões abrasadores e um período geralmente seco durante a maior parte do ano. É extremamente quente no verão e extremamente frio no inverno. Os meses de dezembro a fevereiro são considerados a estação fria. A estação das monções do sudoeste, que se prolonga até cerca do final de setembro, segue-se à estação quente, que vai de março a meados de junho. O período pós-monção inclui os meses de outubro e novembro.

TEMPERATURA:

Depois de fevereiro, a temperatura aumenta rapidamente. O mês mais quente é maio. A temperatura média de base é de cerca de 47 °C todos os dias, tendo 2006 registado a temperatura mais baixa de 6 °C. As temperaturas diurnas e nocturnas começam a diminuir rapidamente após o final de outubro, sendo janeiro o mês mais frio.

CHUVA:

A quantidade anual de precipitação nesta região é de 975 mm em 2006. Aproximadamente 95 por cento da chuva anual da região cai entre junho e outubro.

NUVEM:

Durante a estação das monções, o céu está moderadamente a muito nublado. Noutras alturas do ano, o céu está geralmente limpo ou parcialmente nublado.

HUMIDADE:

A estação das monções tem a humidade relativa mais elevada, sendo o resto do ano tipicamente seco. A estação do verão tem a humidade relativa mais baixa, com valores inferiores a 30%.

DIVERSOS TIPOS DE VEGETAÇÃO:

Na região de Gujarat do Norte encontram-se diferentes tipos de floresta. Estas zonas estão divididas em dois grupos importantes: 5A - Floresta Tropical de Folhas Secas do Sul (STDDF) e 6B - Floresta Tropical de Espinhos do Norte (NTTF) (Champion e Seto, 1968). A zona 5A (STDDF) está dividida em várias subzonas com diferentes tipos de floresta em três distritos. Só a região de Sabarkantha possui florestas proeminentes, como a floresta de teca muito seca (C1a), a floresta de teca seca (C1b) e a floresta de bambu seca (E9). Embora o distrito de Banaskantha possua duas florestas, nomeadamente a floresta de Aegal marmelos (E6) e a floresta de Acacia catechu (1Sz). A região de Mehsana possui uma floresta de Boswellia (E2), uma floresta caducifólia seca (Ds1) e uma floresta caducifólia seca (C3). Fazendo parte dos Aravalis Ocidentais, a região de Gujarat do Norte é dominada por florestas caducifólias e coníferas secas, que moderam o clima da região (Singh 2001).O departamento florestal classificou-as como florestas de reserva e de reserva não classificada nesta floresta. Trabalhos especiais de reparação: Antes da independência, nenhum dos estados de Gujarat, exceto uma parte de Baroda, adoptou o método de gestão florestal. Após a fusão destes Estados com o Estado de Bombaim, foram adoptadas medidas de gestão florestal para melhorar o povoamento das zonas florestais. As plantações para plantação na zona não correspondiam às expectativas. Planos de trabalho com trabalho sistemático e princípios sólidos de gestão florestal para restaurar áreas e controlar outros danos.

REVISÃO DA LITERATURA

O médico e botânico alemão Camerarius (1665-1721) demonstrou que as plantas se reproduzem sexualmente. Entre muitos outros cientistas que se seguiram a Camerarius, Koelreuter e Sprengel definiram as etapas do estudo da polinização. No século XIX, Charles Darwin foi um dos mais importantes cientistas a trabalhar na ecologia do pólen. As plantas com flores polinizadas por animais produzem normalmente néctar nas suas flores. Este néctar pode ser ingerido diretamente pelo hospedeiro da flor ou transportado para o ninho e utilizado como alimento pelas larvas dos insectos. Há muito tempo que o homem recolhe o mel das colmeias do mundo antigo. Existe uma pintura surrealista do Mesolítico em Espanha que parece representar uma mulher a recolher mel de uma colmeia (Coon, 1955).

Embora se saiba desde há muito tempo que as abelhas recolhem o néctar das flores e armazenam o mel na colmeia, só recentemente se fez a distinção entre o mel, que é o produto obtido, e o néctar, que é escondido pelos néctares da flor. No século XIX, quando se progredia muito na compreensão das relações de polinização das flores, a maior parte dos autores chamava "mel" ao líquido que se encontrava nas flores (Muller, 1883).

Lorch (1978) faz uma revisão da história inicial da relação entre néctar e polinização. A fenologia floral de diferentes plantas foi estudada por vários investigadores, como Stiles (1975), Heinrich (1976), Subba Reddi e Janaki Bai (1981), Herrera (1986), Zimmermann (1988), Petanidou *et al.* (1995), Volf e Burns (2001), Langenberger e Davis (2002), Lopes e outros (2002), Tidke e Dharamkar (2003) e Berry e Gortsov (2004). Da literatura citada, sabe-se que Heinrich (1975), Hopkins (1984), Patil e Naik (1986), Rao e Suryanarayana (1988), Petanidoii e outros (1995), Sihag e Kaur

(1995), Raju *etal.* Lopes *et al.* (2002), Tidke e Dharamkar (2003), Gray Guerin (2005) e

Goldblatt *et al.* (2005) examinam aspectos importantes da biologia floral.

Da literatura citada, sabe-se que o teor de açúcares das flores polinizadas por

beija-flores é geralmente inferior ao das flores polinizadas por insectos (Hainsworth e

Wolf, 1972; Baker e Baker, 1975; Bolten e Feinsinger, 1978; Bolten *et al.* 1979;

Heyneman, 1983; Forcone *et al.* 1997; Galetto et al., 1998; Bernardello et al., 2000; Blem

et al., 2000 e Chalcoff *et al* . (2006).

Vários trabalhadores analisaram os constituintes químicos dos néctares de

muitas espécies de plantas com flores. Percival (1961) estudou os tipos de néctar de 900

espécies de angiospermas pertencentes a 101 géneros. Baker e Baker (1982) analisaram

os néctares de mais de 1000 espécies de plantas com flor. Outros investigadores também

analisaram o néctar de diferentes espécies de plantas (Hainswortli e Wolf, 1976;

Gottsbergel et al., 1984 e Bahadur et al., 1986).

Ziegler (1956) foi o primeiro a encontrar quantidades detectáveis de

aminoácidos no néctar das flores. Os aminoácidos do néctar das flores foram analisados

por vários investigadores em diferentes espécies de plantas (Kartashova, 1965; Baker e

Baker, 1976 e 1983; Cruden e Toledo, 1977; Cruden e Parker, 1977; Rust, 1977; Keeler,

1977,1980 ;).

Sabe-se pela literatura citada que, para além de açúcares e aminoácidos, os

néctares das flores contêm lípidos, alcalóides, fenóis, proteínas, ácidos orgânicos,

compostos inorgânicos e vitaminas (Baker, 1975; Luttge, 1977; Baker e Baker, 1982;

1983a e b e Harborne, 1982).

As caraterísticas do néctar floral, como a composição do açúcar, a relação sacarose-hexoserose, a concentração, o volume, o tempo de secreção do néctar e a dinâmica do néctar, estão frequentemente associadas às interações flor-polinizador (Baker e Baker, 1983; Freeman et al., 1984; Baker e Baker,

1990; Stiles e Fieeman, 1993)

Vários autores salientaram que as caraterísticas do néctar podem ser altamente conservadas e que algumas espécies com diferentes tipos de polinizadores podem ter composições de néctar semelhantes devido às suas relações filogenéticas próximas (Elisens e Freeman, 1988; Van Wyk et al, 1993; Perret et al. al J001 e Galetto e Bernardello, 2003).

A literatura supracitada mostra que a composição do néctar e o padrão de secreção variam entre espécies e dentro da mesma espécie em função de parâmetros ambientais (Fahn, 1979; Cruden et al. 1983; Marden, 1984; Freeman e Head, 1990; e Wyatt et al. 1992) e de factores fisiológicos (Gottsberger etal., 1990 e Petanidou et al., 1996).

Muitos investigadores estudaram a importância da qualidade e da quantidade de néctar na influência do número de visitantes florais (Corbet, 1978a, b e c; Sihag e Kapil, 1983; Abrol e Kapil, 1991 e Abrol, 1990; 1992a).

A frequência e a duração das visitas dos polinizadores às flores com néctar dependem da taxa de produção de néctar e da composição química, incluindo o tipo e as quantidades relativas de açúcares, aminoácidos e lípidos. Bolten e Feinsinger (1978), Bolten et al. (1979), Baker e Baker (1982, 1983), Heyneman (1983), Zimmerman (1983), Bernardello et de, (1999), Blem et al/, (2000) Biernaskie et al, (2002), Castellanos (2002). Shafir e outros (2003), Bhattacharya (2004) e Fenster e outros (2006). O comportamento alimentar dos polinizadores foi observado por vários investigadores, como Mulligan e Kevan (1973), Heinrich e Raven (1972), Wyatt (1984).

Hernandez e Toledo (1979), Inouye (1983), Reddi e/ estudaram a predação do néctar por diferentes espécies de plantas. (1992), Sihag e Shivrana (1997), Maloof e Inoyue (2000), Stout et al, (2000), Maloof (2001), Tern les e Pan (2002), McDade e Veeks (2004), Takona ef al, (2005), Scoble e Clarke (2006), Raju e Rao (2006) e Schilman e Roces (2006).

A importância das secreções de néctar no comportamento alimentar dos insectos polinizadores é bem conhecida. Este facto foi demonstrado por vários autores que trabalharam com diferentes espécies de plantas (Baker e Baker, 1975; Harborne, 1982; Fonta et al., 1985; Mesquida et al., 1988; Rao e Suryanarayana, 1988 e Roberts, 1995).

As visitas dos polinizadores são frequentemente mais elevadas nas flores que produzem mais néctar. Southwick et al. (1981) e Lack (1982) entre e dentro das espécies, por Devlin e Stephenson (1985), Mitchell (1993), Rabinowitch et al. (1993) e Williams (1997).

Zimmermann (1988) e Kearns e Inouye (1993) analisam estudos ecológicos e evolutivos em que a medição da quantidade e da dinâmica da secreção de néctar é de importância primordial.

A literatura concluiu que os visitantes de flores são guiados para visitar flores por uma série de estímulos, incluindo a cor, a forma, o cheiro e a recompensa energética da flor (Grantand Grant, 1968)

OBSERVAÇÕES

Estes estudos foram efectuados em 2023-2024 na cidade de Patan. O néctar das plantas selecionadas e os diferentes aspectos dos néctares foram observados em diferentes locais. Vinte espécies de plantas, nomeadamente Citrus limon (L.), Butea monosperma(Lamk (Retz.), Vitex negundo L. e Antigonon leptopus Hoko. foram selecionadas para estudar a fenologia floral, a dinâmica floral, a topografia e a estrutura do néctar, a secreção do néctar, o volume do néctar, o teor de néctar, o teor de açúcar, os açúcares, os aminoácidos, as proteínas, a deteção de hospedeiros florais; a atividade censitária e o comportamento alimentar.

1. ***Aloe vera* (L.) Burm.f.**
   Família: Liliaceae
   Aloé Vera Suculenta, Caule Muito curto no qual as folhas em forma de vaso estão dispostas em roseta. Folhas Radicais, muito carnudas, largas na base, estreitas da base para o ápice, verde pálido com espinhos córneos distantes nas margens. Inflorescência Racemo, 15 - 30 cm de comprimento, flores num escapo de 60 - 90 cm de comprimento, simples ou ramificado.

   Fenologia da floração: Em Aloe vera, o período de pico da floração variou entre a última semana de novembro e a segunda semana de dezembro. A floração terminou na segunda semana de fevereiro.

   Dinâmica floral: No Aloé Vera, as flores são produzidas em racemos cilíndricos de panículas. O número de flores por inflorescência varia entre 20-30 flores por planta durante o período de pico da floração. A recetividade do estigma foi observada elevada na antese. O período de pico da deiscência foi observado das 10.00 às 12.00 horas. Os frutos de Aloe vera amadurecem num período de 60 a 67 dias

   Topografia do nectário: O nectário está situado entre o ovário e a base dos estames.

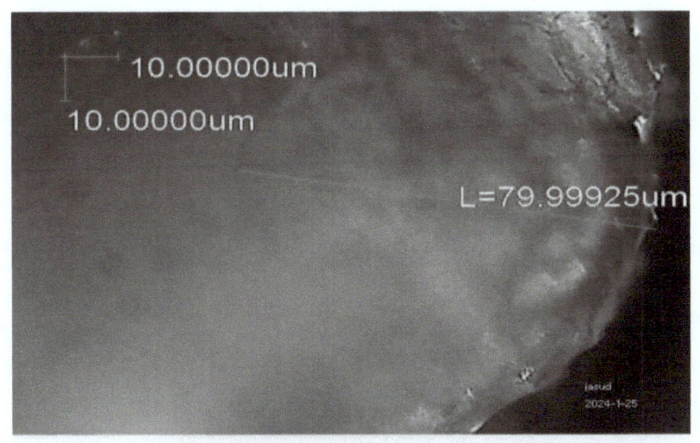

Placa 1: *Aloe vera* **(L.) Burm.f.**

2. *Antigonon Ieptopus* Hk. & Arn.
Família - Polygonaceae

Antigonon Ieptopus é uma trepadeira de grande porte, que se espalha rapidamente. Folhas simples, alternas, cordadas - ovadas. Flores cor-de-rosa ou brancas produzidas em racemos axilares ou panículas, com a ráquis dos racemos frequentemente terminada por uma gavinha ramificada.

Fenologia da floração: Em *Antigonon Ieptopus*, a floração começa a partir da primeira semana de setembro e a plena floração ocorre entre a primeira semana de outubro e a segunda semana de novembro. A floração terminou na segunda semana de fevereiro.

Dinâmica floral: Em *Antigonon Ieptopus* as flores são produzidas em racemos axilares de panículas. O número de flores por inflorescência varia entre 30-40 flores por planta durante o período de pico da floração.

Topografia do nectário: O nectário está situado entre o ovário e a base dos estames.

Placa 2: *Antigonon Ieptopus* Hk. & Arn.

3. *Bougainvillea spectabilis* **Willd.**
F amily-Nyctaginaceae

A Bougainvillea spectabilis é um arbusto grande, espinhoso e esgalgado; espinhos com 0,5-4 cm de comprimento, rectos ou recurvados. **Caule:** os ramos são pubescentes. **Folhas:** 2-10x1-6 cm, caulinares e ramais, alternas, ovado-elípticas a oblongas, agudas ou subagudas na base, inteiras, acuminadas, mais ou menos pubescentes em ambas as superfícies; pecíolos de 0,5-2,5 cm de comprimento.

Fenologia da floração: Durante todo o ano.

Dinâmica floral: Inflorescência: 1-7 édimas florais unidas em panículas terminais folhosas; pedúnculos de 1,2-6,5 cm de comprimento. **Flor:** Carmesim, intrigas; brácteas 2.5-6.5x1.5- 3.5cm, ovadas, arredondadas, base cordada, inteiras, acuminadas, de cores vivas variadas e com nervuras evidentes. **Perianto:** 2-3 cm de comprimento, amarelo-pálido ou branco no interior, preto-púrpura e pubescente no exterior; tubo densamente pubescente. **Androceu:** estames geralmente 8, incluídos.

Topografia do nectário: O nectário está situado entre o ovário e a base dos estames.

Placa 3: *Bougainvillea spectabilis* **Willd.**

4.   *Butea monosperma(Lamk.)*
Família-Papilionaceae

A Butea monosperma é uma árvore de folha caduca, com 12-15 m de altura; casca de cor cinza, resistente; folhas trifoliadas, folíolos obovados ou romboides, coriáceos, base cuneiforme, tomentosos por baixo. Flores grandes, produzidas em racemos densos e fasciculados. Flores bracteadas, bissexuais, zigomorfas, pentâmeras, hipóginas. Sépalas

5. Pétalas 5, muito desiguais e papilionáceas, Estames 10, diadelfos, geralmente 9 +

1, anteras ditiocóricas, introrsas. Carpelo 1, ovário superior, unilocular, placentação marginal.

Fenologia da floração:
Em Butea monosperma, a floração começa na primeira semana de fevereiro. A altura da floração foi da terceira semana de fevereiro à segunda semana de março e termina na primeira semana de abril.

Topografia dos nectários: Estão localizados nas bases dos filamentos.

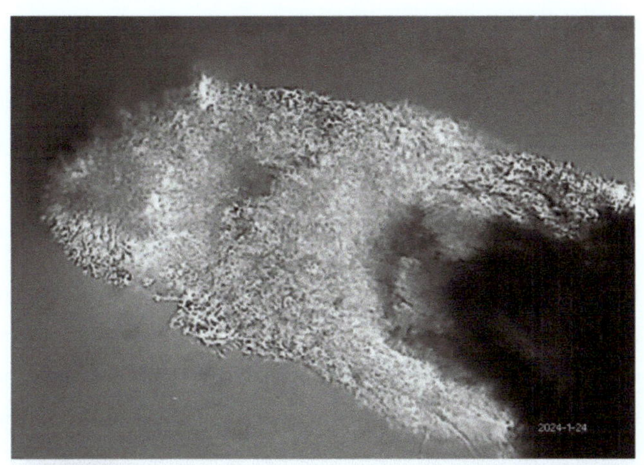

Placa 4: *Butea monosperma(Lamk.)*

5. *Caryota urens* **L.**
Família-Ariaceae

Caryota urens 5-10 m, árvores não armadas; **Folhas :**1-1,5 m, compostas bipinadas, numa coroa terminal, arqueadas e caídas; folíolos 8-17,5 x 6-8 cm, cuneiformes, irregularmente serrilhados na margem truncada, margem superior produzida para além dos folíolos numa cauda.

Dinâmica floral: Flor: monóica, séssil, incompleta, actinomorfa, unissexual, trímera e cíclica. **Flor masculina:** ± 1,25 cm de comprimento, simétrica, estaminada, botões estreitamente cilíndricos. **Flor feminina: pistilada**, subglobosa e mais pequena que a masculina, entre as duas laterais masculinas.

Fenologia da floração: Durante todo o ano.

Topografia do nectário: O nectário está situado entre o ovário e a base dos estames.

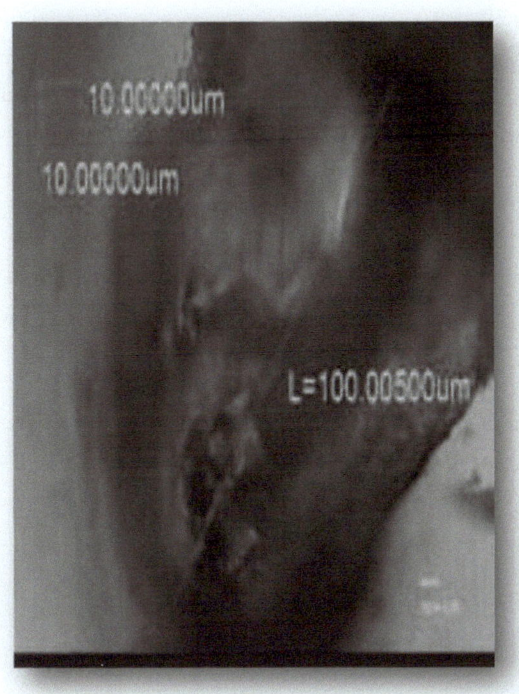

Placa 5: *Caryota urens* L.

6. *Catharanthus roseus* L.

F amília-Apocynaceae

20-40 cm, perene sob arbustos; **Caule:** herbáceo, ramificado, sólido, puberulento com látex leitoso. **Folhas: 2-6**,5 x 1-2,3 cm, opostas.

Fenologia da floração: Durante todo o ano.

Dinâmica floral: Cima axilar, solitária ou geminada ou dichasial. **Flor: completa**, actinomorfa, hermafrodita, pentâmera, hipógina, cíclica, branca, rosada ou liliada, pedicelada.

Topografia do nectário: nectários hipogínicos presentes um na face anterior e outro na face posterior do ovário.

Placa 6: *Catharanthus roseus* L.

7. *Caesalpinia pulcherrima* (L.) Sw.
Família: Caesalpiniaceae

Caesalpinia pulcherrima pequeno arbusto não armado, **casca:** Castanho-acinzentada e rugosa, **folhas:** Compostas bipinadas, estipuladas, folíolos 8-12 pares, **Inflorescência:** Grandes, racemos erectos, **Flores: vistosas**, vermelhas ou amarelas, completas, bissexuais, pentâmeras, cálice petaloide, profundamente fendido.

Fenologia da floração: Mais ou menos durante todo o ano.

Dinâmica floral: Cima axilar, solitária ou geminada ou dichasial. **Flores:** Vistosas, vermelhas ou amarelas, completas, bissexuais, pentâmeras, cálice petaloide, profundamente fendido. Pétalas da corola desiguais, com garras, imbricadas de amarelo ou vermelho. Estames10 livres, filamentos longos, petalóides.

Topografia do nectário: nectários hipogínicos presentes um na face anterior e outro na face posterior do ovário.

Citrus limon **(L.) Burm. F.**

Família - Rutaceae

O citrino-limão é uma pequena árvore glabra, com 3-5 m de altura e espinhos axilares afiados. Folhas oblongas a elíptico-ovais, com 4-8 cm de comprimento.

Fenologia da floração

As plantas florescem duas vezes por ano, uma em junho-julho, com um período de pico na primeira semana de julho, e outra em novembro-janeiro, com um período de pico da segunda à última semana de dezembro.

Dinâmica das flores

As flores são produzidas em cachos de 2-3 flores. As flores são protândricas. As flores abrem-se diariamente durante as 07.00-08.00 horas (Quadro nº 2). As anteras deiscem por fendas longitudinais. A deiscência ocorre no botão maduro cerca de 1-2 horas antes da antese durante 05.00 - 07.00 hrs. A duração da vida da flor é de 48 horas. Após 48 horas, as pétalas e os estames começam a cair. O estigma torna-se recetivo após a antese.

Topografia do nectário

Em *Citrus limon*, um disco nectarífero proeminente está localizado em torno da base do ovário. O nectário é de tipo ovariano.

8. *Duranta repens* L.
Família: Verbenaceae

Pequeno arbusto com sistema radicular ramificado. **Caule:** Quadrado, herbáceo mas lenhoso em baixo, ereto, ramificado, sólido, verde. **Folhas:** Ramais e caulinares, simples, opostas, decussadas ou espiraladas, pecioladas, obovadas, ovadas ou elípticas, inteiras, com espinhos axilares e venação reticulada unicostada. **Fruto :** Drupa carnuda com cálice alargado com quatro caroços de duas câmaras, de cor alaranjada.

Fenologia da floração: A floração ocorre principalmente durante o verão e o outono

Dinâmica floral: Inflorescência: Racemos axilares ou terminais formando panículas. **Flores:** Completas, bissexuais, bracteadas, brácteas pequenas na base das flores, pediceladas, hipóginas, zigomorfas, pentâmeras, de cor branco-azulada. Cálice composto por 5 sépalas, gamossépalo, ligeiramente tubular, persistente, valvado, pequeno, dentes 5. Corola composta por 5 pétalas, gamopétala, tubular com lóbulos desiguais, três anteriores maiores que dois posteriores; quincuncial, tubo da corola ligeiramente curvo, rotativo, lilás ou azul claro.

Topografia do nectário: glândula dos lóbulos laranja - amarela

9. *Euphorbiapulcherrima* **Willd. Ex. Klot.**
Família-Euphorbiaceae

1,5-3 m, arbusto de folha caduca, sem braços, com ramos lenhosos delgados, de casca castanha nua. **Caule:** terete, glabro ou quase. **Folhas:** 10-15 - 5-7 cm, alternas, ovadas - elípticas a lanceoladas, agudas ou subagudas na base, inteiras ou por vezes com 1-2 lóbulos triangulares, agudos ou obtusos, verde brilhante em cima, finamente pubescentes em baixo; pecíolos com 3-8 cm de comprimento.

Fenologia da floração: Nov - Jan.

Dinâmica floral: Ciatria numerosa em cimeira terminal dicotómica, com exceção das seguintes.

Brácteas opostas, de cores vivas, carmesim ou ocasionalmente branco-amareladas, semelhantes a folhas, oblongas - lanceoladas; involucros com 0,8-1 cm de diâmetro, globosos, verdes com vermelho.

Topografia do nectário: glândula dos lóbulos laranja - amarela

Placa 10: *Euphorbiapulcherrima* Willd. Ex. Klot.

10. *Gaillardiapulchella* **Foug.**

Família: Asteraceae

Pequena erva anual ou perene, muito ramificada, peluda. **Folhas:** Alternadas, oblongas, lanceoladas, inteiras ou divididas. **Época de floração e frutificação: Fenologia da floração:** Na *Gaillardia pulchella*, a floração começa na primeira semana de janeiro e a floração completa ocorre entre a primeira semana de fevereiro e a segunda semana de julho.

Dinâmica floral: Inflorescência : Cabeças solitárias de cores variegadas. **Flor:** Brácteas involucrais numerosas. Pappus presente. Floretes do raio amarelos na extremidade, rosa-púrpura na base, neutros, floretes do disco roxo-avermelhados, férteis.

Topografia do nectário: O néctar é secretado em torno da porção basal do estilo e o néctar é recolhido no tubo da corola. A secreção do néctar começa durante a antese.

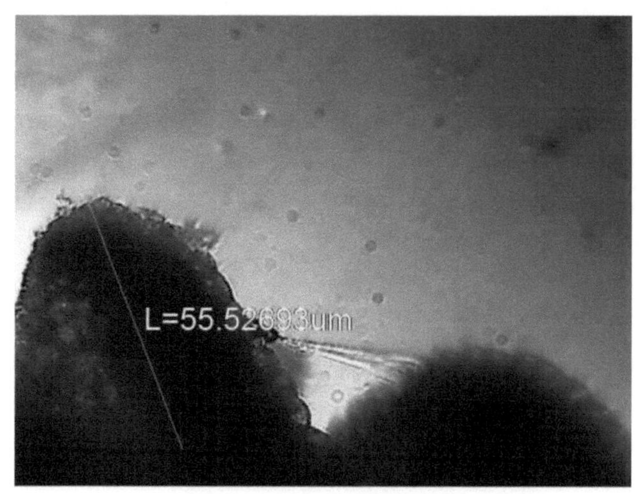

Placa 11: *Gaillardiapulchella* **Foug.**

11. *Hibiscus rosa-sinensis* L.
Família: Malvaceae

Arbusto ornamental de folha perene com sistema radicular ramificado. **Caule:** Lenhoso e sólido, mas herbáceo na parte superior, aéreo, ereto, ramificado, cilíndrico, sólido e glabro. **Folhas:** Ramal e caulinar, estipuladas, pecioladas, simples, alternas, ovadas, serrilhadas, agudas, glabras, de venação unicostatereticulada.

Fenologia da floração: No Hibiscus rosa-sinensis, a floração começa a partir da primeira semana de julho e a plena floração ocorre na primeira semana de dezembro.

Dinâmica floral: Inflorescência: Solitária axilar.Flores: Ebracteadas, pediceladas, completas, hermafroditas, actinomorfas, pentâmeras, hipóginas, cíclicas, grandes, vermelhas ou de cores variadas.Epicálice 5 ou mais, livre, verde.Cálice composto de 5 sépalas, gamossépalo, campanulado, valvado, verde.Corola composta por 5 pétalas, polipétalas, mas fundidas na base, adnatas, de forma obovada e margem sinuosa, torcidas e vermelhas.Androceu composto por muitos estames, monadelfos, epipétalos, tubo estaminal fundido com a corola e de cor vermelha, anteras monotecas, reniformes, presas transversalmente ao filamento, extrorsas e de cor vermelha.

Topografia do nectário: O néctar é secretado em torno da porção basal do estilo e o néctar é recolhido no tubo da corola. A secreção do néctar começa durante a antese.

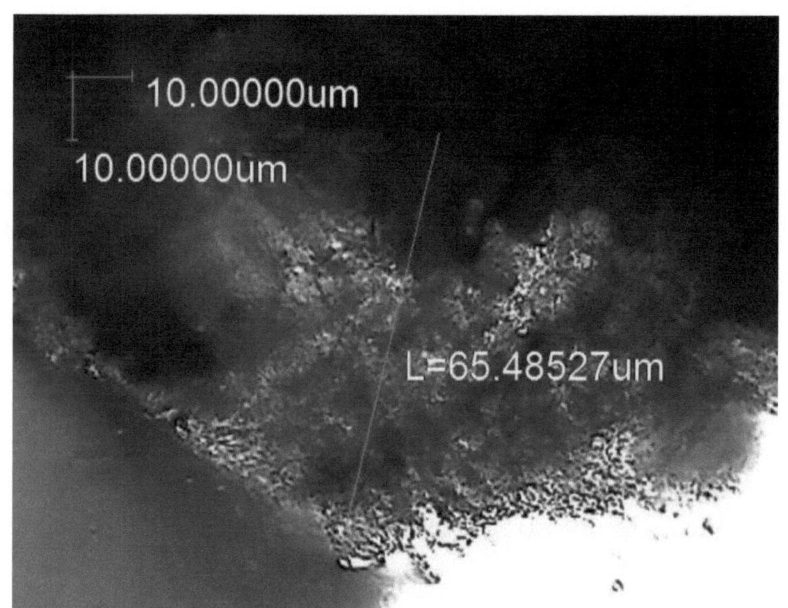

Placa 12: *Hibiscus rosa-sinensis* L.

12. *Ixora coccínea* **L.**
F amília-Rubiaceae

Arbusto glabro. **Folhas** opostas.

Fenologia da floração: Durante todo o ano.

Dinâmica floral: cimas corimbiformes terminais, paniculadas. **Flor** vermelha,

escarlate ou amarela, numerosa.

Topografia do nectário: O néctar é secretado em torno da porção basal do estilo e

o néctar é recolhido no tubo da corola. A secreção do néctar começa durante a

antese.

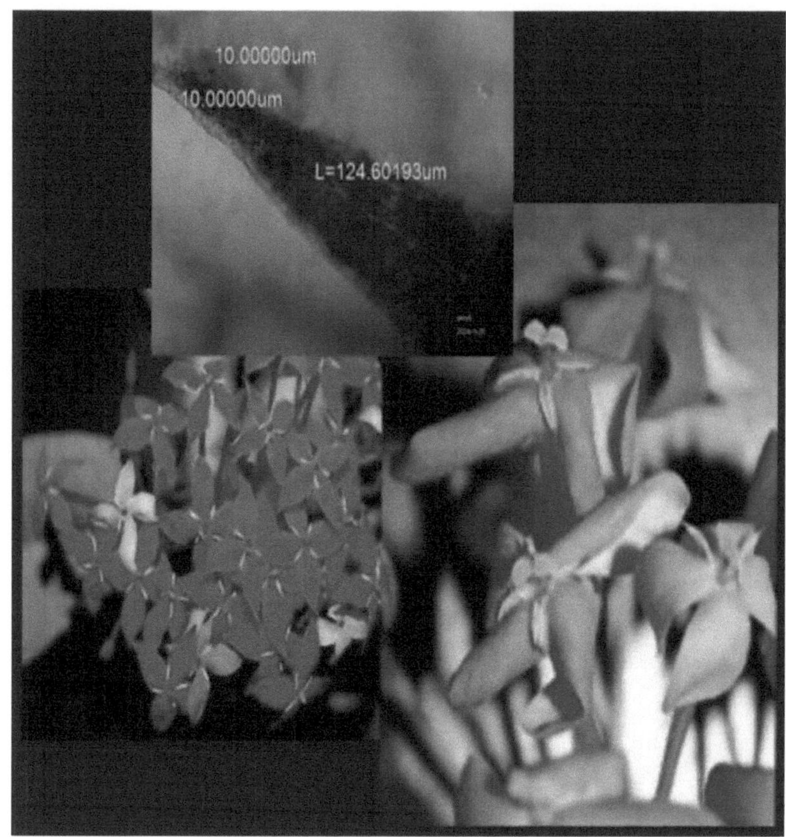

Placa 13: *Ixora coccínea* L.

13. *Kalanchoepinnata* (Lam.) Pers.

Família-Crassulaceae

Planta glabra até 1,5 m de altura com folhas pinadas; as folhas inferiores são frequentemente simples.

Fenologia da floração: Floração inverno-primavera

Dinâmica floral: Inflorescência grande com flores avermelhadas; cálice insuflado, papeado com lóbulos muito mais curtos; corola quase uma vez e meia maior que o cálice, com lóbulos agudos curtos.

Topografia do nectário: O nectário está localizado entre os estames e os carpelos. Nas folhas distais existem nectários que, na época da floração, segregam gotículas ricas em glucose.

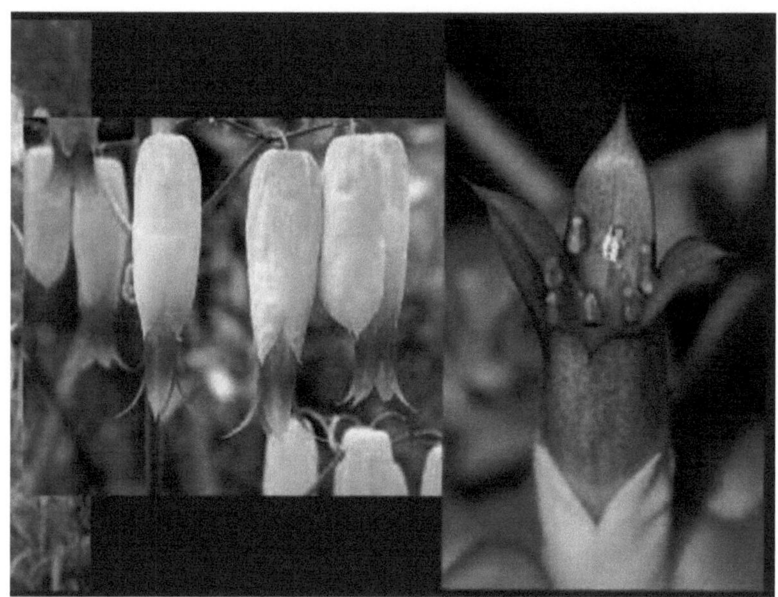

Placa 14: *Kalanchoe pinnata* (Lam.) Pers.

14. *Mimuso pselengi* **L.**
F amily- S apotaceae

Árvore glabra, perene, com uma cabeça de folha compacta; casca cinzenta ou quase preta clara, lisa, escamosa. **Folhas:** alternas

Fenologia da floração: junho - outubro.

Dinâmica floral: Inflorescência :axilar solitária **Flor** : branca, actinomorfa, hipógina, perfumada

Topografia do nectário: O nectário situa-se entre os estames e os carpos.

Placa 15: *Mimusopselengi* L.

15. *Moringa oleífera* **L.**
Família-Moringaceae

Árvore de **folha** caduca, não armada; **Folhas: alternasFenologia** da **floração:** Durante todo o ano

Dinâmica floral: Inflorescência :terminal, **Flor :** Branca ou branco-creme, completa, zigomorfa.

Topografia do nectário: O nectário está localizado no ovário.

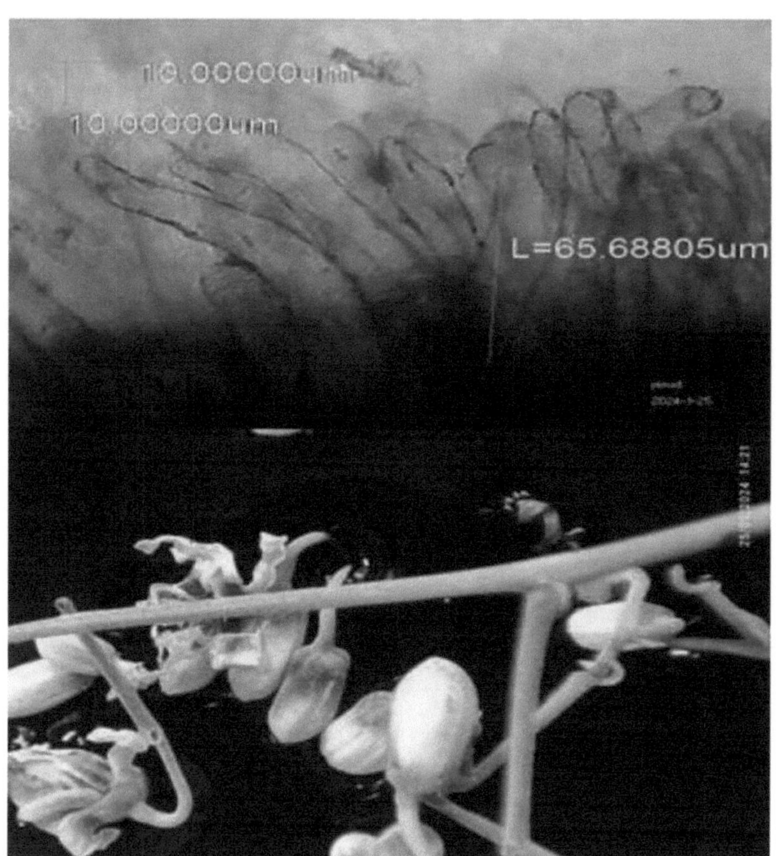

Placa 16: *Moringa oleífera* L.

17. *Ocimum sanctum* **L.**
F amily- Lamiaceae
Ervas aromáticas, erectas, muito ramificadas. **Folhas:** opostas,
Fenologia da floração: Durante todo o ano.
Dinâmica floral: Em espirais compactas ou distantes em racemos tirsóides terminais,

simples ou ramificados **Flor:** branca.

Topografia do nectário: Cada nectário forma um disco quadrilobado assimétrico na

base da superfície externa do ovário.

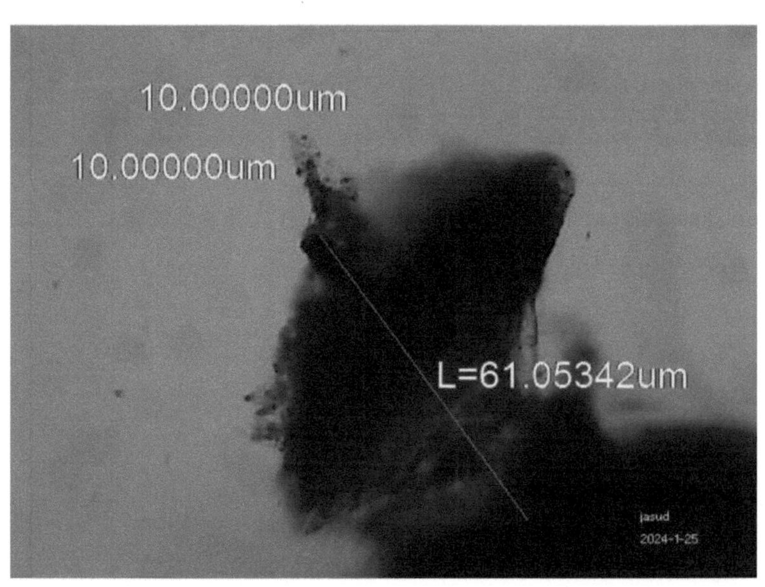

Placa 17: *Ocimum sanctum* L.

18. *Ocimum basillicum* **L.**
F amily- Lamiaceae

Ervas aromáticas, erectas, muito ramificadas. **Folhas:** opostas,
Fenologia da floração: Durante todo o ano.
Dinâmica floral: Em espirais compactas ou distantes em racemos tirsóides terminais,

simples ou ramificados **Flor:** branca.

Topografia do nectário: Cada nectário forma um disco quadrilobado assimétrico na

base da superfície externa do ovário.

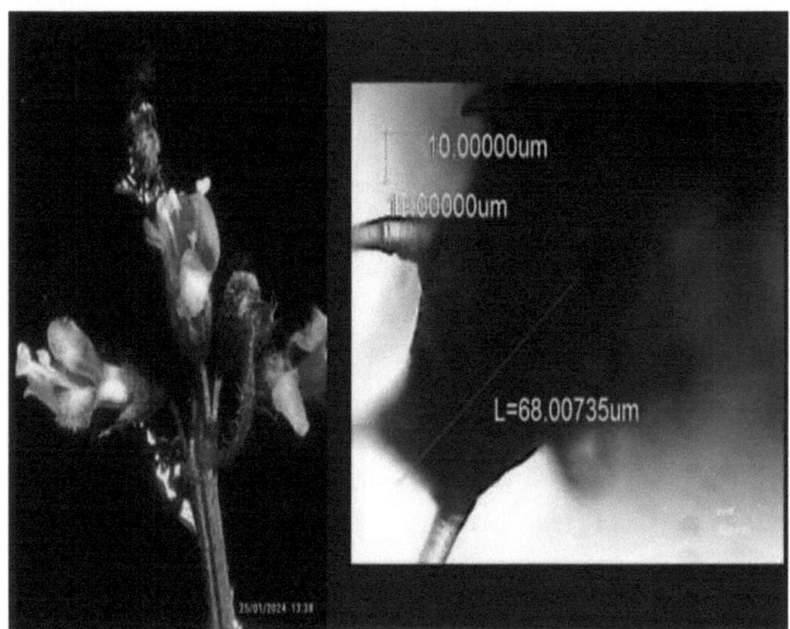

19. *Thevetia peruviana* (Pers.)

Família - Apocynaceae

A Thevetiaperuviana é uma pequena árvore perene, com 3-6 m de altura. Folhas alternadas, lineares - lanceoladas, brilhantes. Flores produzidas em cimas axilares, com poucas flores. Flores ebracteadas, pediceladas, actinomorfas e hipóginas. Sépalas 5, livres. Corola amarela, em forma de funil. Estames 5, epipétalos, filamentos curtos fixados na boca ou no fundo do tubo da corola. Carpelos 2, unidos apicalmente, ovário superior, bilocular, placentação marginal. Drupas triangulares, comprimidas, com 2 sementes, pretas quando maduras. As sementes são utilizadas no reumatismo.

Fenologia da floração: Na *Thevetia peruviana* a floração foi observada durante todo o ano, com um período de pico duas vezes por ano, ou seja, durante junho - julho e novamente durante o mês de abril.

Dinâmica floral: As flores são produzidas em racemos subterminais. Para cada dia, o número de flores abertas numa planta varia de 20-25 durante o período de pico da floração. A antese começa entre as 07.30 e as 09.00 horas (Tabela No.2). As anteras deiscem por fendas longitudinais na fase de botão maduro cerca de 1-2 horas antes da antese. A flor dura 2 dias, no terceiro dia a corola cai.

Topografia do néctar: O disco nectarífero lobed está localizado na base do ovário.

Placa 19: *Thevetia peruviana* (Pers.)

20. *Vitex negundo* L.

Família: Verbenaceae

O Vitex negundo é um arbusto grande, com 3-5 cm de altura. Folhas pecioladas, opostas, compostas. Flores azuis ou brancas produzidas em panículas cimosas terminais, bracteadas e bissexuais, zigomorfas, hipóginas. Sépalas 5, unidas, persistentes. Corola 5, unida, lobada. Estames 4, didínamos, epipétalos, alternos com os lóbulos da corola. Carpelos 2, sincarpados, ovário superior, bilocular, um óvulo em cada lóculo, placentação axilar. Fruto drupa.

O sumo das folhas é aplicado em partes do corpo inchadas. As folhas secas são fumadas como cigarros locais na sinusite. As folhas são utilizadas medicinalmente para o reumatismo. Os caules são muito utilizados para preparar cestos, como esqueletos nas paredes de barro das cabanas.

Fenologia da floração: Em *Vitex negundo* a floração começa a partir da segunda semana de agosto e continua durante 6-7 meses. O período de pico da floração foi entre a segunda semana de setembro e a primeira semana de outubro (Quadro No. la e lb).

Dinâmica floral: Em *Vitex negundo* as flores são produzidas em cimas. A inflorescência tem 80-120 flores. Para cada dia, o número de flores abertas por inflorescência variou de 2-8 flores durante o período de pico da floração. As flores abriram entre as 05.00 - 06.00hrs. A antera deiscente longitudinalmente. A deiscência da antera começou durante a noite, entre 17.00 - 18.00 horas, antes do dia da antese. As flores duraram 2 dias e no segundo dia o corolário caiu.68 **Topografia do néctar:** O disco nectarífero está localizado na base do ovário.

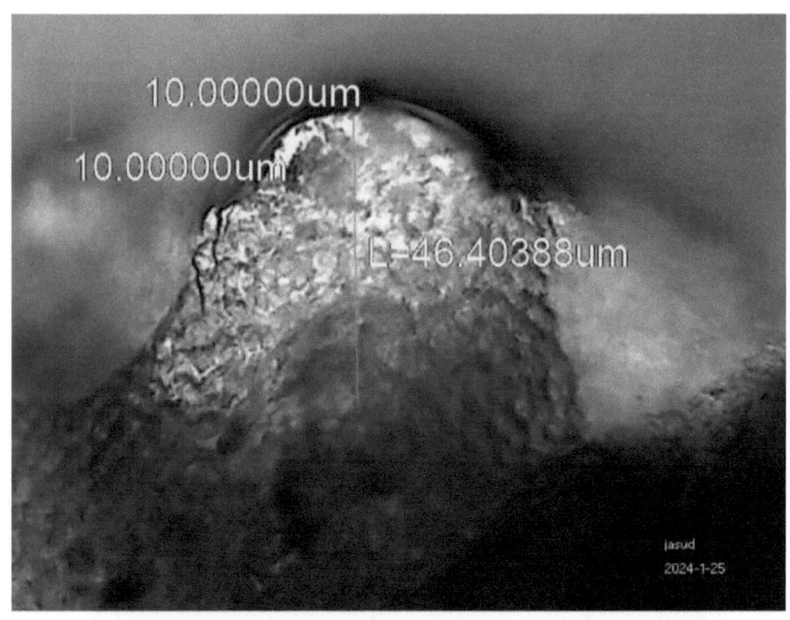

Placa 20: *Vitex negundo* L.

MATERIAIS E MÉTODOS

As presentes investigações foram efectuadas durante o período de dezembro de 2023 a março de 2024. Patan situa-se entre a Latitude 23°.42' N e a Longitude 71°.48' E. o clima é quente e seco.

As espécies vegetais selecionadas para o presente estudo são enumeradas a seguir:

1. ***Aloe vera* (L.) Burm.f.**

   Família: Liliaceae

2. ***Antigonon Ieptopus* Hk. & Arn.**

   Família - Polygonaceae

3. ***Bougainvillea spectabilis* Willd.**

   Família-Nyctaginaceae

4. ***Butea monosperma* (Lamk.)**

   Família-Papilionaceae

5. ***Caryota urens* L.**

   Família-Ariaceae

6. ***Catharanthus roseus* L.**

   Família-Apocynaceae

7. ***Caesalpinia pulcherrima* (L.) Sw.**

   Família: Caesalpiniaceae

8. ***Citrus limon* (L.) Burm. F.**

Família - Rutaceae

9. *Duranta repens* **L.**
   Família: Verbenaceae

10. *Euphorbia pulcherrima* **Willd.**
    Família-Euphorbiaceae

11. *Gaillardia pulchella* **Foug.**
    Família: Asteraceae

12. *Hibiscus rosa-sinensis* **L.**
    Família: Malvaceae

13. *Ixora coccinea* **L.**
    Família-Rubiaceae

14. *Kalanchoepinnata* **(Lam.) Pers.**
    Família-Crassulaceae

15. *Mimusops elengi* **L.**
    Família-Sapotaceae

16. *Moringa oleifera* **L.**
    Família-Moringaceae

17. *Ocimum sanctum* **L.**
    Família-Lamiaceae

18. *Ocimum basillicum* **L.**

Família-Lamiaceae

19. *Thevetia peruviana* (**Pers.**)

Família - Apocynaceae

20. **Vitex negundo L.**

Família: Verbenaceae

FENOLOGIA DA FLORAÇÃO:

Para estudar a fenologia floral, as espécies de plantas estudadas foram visitadas alternadamente em vários locais de investigação. A data da primeira e da última floração das espécies vegetais selecionadas e o pico de floração foram registados. O período entre a abertura da primeira flor e a abertura da última flor foi considerado como o período de floração.

DINÂMICAS FLORAIS:
Os tipos de inflorescências foram desenvolvidos e a orientação das inflorescências foi observada nas plantas estudadas. Cinco a seis botões florais maduros selecionados aleatoriamente foram marcados antes da floração e observados quanto à abertura diária das flores. O número de flores abertas por dia foi contado. O tempo de abertura das flores foi registado em cinco a seis flores selecionadas ao acaso em dois locais de estudo diferentes. As observações foram efectuadas durante cinco dias durante a floração. O tempo de coagulação das anteras foi registado através da observação das anteras com uma lente manual de 10x antes e depois da abertura da flor. O tempo de vida da flor também foi monitorizado.

TOPOGRAFIA DOS NECTÁRIOS:

A localização dos nectários ou glândulas de néctar foi estudada em dezasseis espécies de plantas selecionadas pertencentes a diferentes famílias. O material vegetal fresco foi estudado quanto à localização e morfologia do néctar. Foram feitos esboços dos nectários mostrando a localização exacta nos vários órgãos e ilustrando a forma dos nectários.

ESTRUTURA DOS NECTÁRIOS:

Foram efectuados estudos anatómicos sobre a natureza do tecido secretor das gónadas em Thevetia peruviana, Bignonia unguis-cat e Pyrostegia venusta. A estrutura interna foi estudada com secções à mão livre. A desidratação foi efectuada com uma série de álcool/xileno corada com verde saffronfast, e foram preparadas lâminas. Foram feitos diagramas desenhados à mão. A nectarmorfologia, S.E.M. foi estudada para Citrus limon, Foeniculum vulgare e Adhatoda zeylanica. Foram recolhidos nectários frescos para estudos de microscopia eletrónica de varrimento e o resto do procedimento foi realizado no Birbal Sahan Institute Paleobotany, Lucknow.

TEMPO DE SECREÇÃO DO NÉCTAR:

Foram selecionados cinco a seis botões de flores maduras de cada espécie de planta selecionada para monitorizar o momento da secreção de néctar. O tempo de secreção do néctar foi registado antes e depois da abertura da flor durante o pico da floração.

DISCUSSÃO

As interações fascinantes entre as flores e os seus polinizadores deram origem a uma diversidade espetacular de plantas. A flor é um órgão composto em que todas as suas complexidades estruturais estão presumivelmente adaptadas à reprodução sexual. As flores das angiospérmicas são muito diversas em termos de tamanho, forma e cor. A estrutura floral das angiospérmicas adoptou todas estas estratégias, o que pode levar a um aumento do número de frutos e de sementes em consequência de uma polinização bem sucedida. Os nectários e o néctar estão intimamente ligados a muitas funções vitais das plantas com flores, sendo as mais conhecidas as que conduzem à polinização (Elias, 1983).

Uma das funções importantes da flor é atrair os vectores de polinização, recompensando-os com algumas recompensas em resposta à sua visita à flor. Para atrair os visitantes, as partes florais apresentam algumas modificações na sua estrutura e função. A presença de nectários e de néctar nas flores tem uma grande influência nas relações entre os visitantes das flores e em acontecimentos biológicos importantes como a polinização, que ocorre durante o processo de reprodução sexual nas plantas com flores. Os nectários que ocorrem no interior das flores e estão diretamente associados à polinização são designados por *"nectários florais"*. O néctar é exsudado do nectário por células epidérmicas, por tricomas ou pelo parênquima nectarífero através de estomas modificados ou de cavidades lisígenas. As células a partir das quais o néctar é segregado para o exterior são designadas *"células secretoras"* (Fahn, 1998).

Além disso, o néctar é a recompensa floral mais importante oferecida pelas plantas aos animais polinizadores. Os néctares florais desempenham um papel importante nas interações entre plantas e polinizadores. A quantidade de néctar apresentada ao visitante de uma flor é um fator importante para determinar o comportamento desse visitante, além de ter consequências importantes para o sistema de reprodução das plantas (Heinrich e Raven, 1972). Pacini *et al.* (2003) afirmaram que os nectários florais diferem em muitos aspectos, mas uma caraterística comum é uma espécie de vantagem para a planta conferida pelo forrageamento de consumidores que podem ser agentes de polinização.

O comportamento de forrageamento das abelhas melíferas na recolha de néctar é um aspeto importante da sua biologia, que lhes permite adaptarem-se à vegetação disponível e às condições climáticas (Singh *et al* 1989). As abelhas podem distinguir as cores, os sabores e os odores dos néctares. Esta capacidade de discriminação ajuda as abelhas a procurar alimentos com lucro. A classe de abelhas polinizadoras está normalmente associada às espécies de flores que possuem cor azul ou amarela (Kevan, 1983 e Scogin, 1983) e néctar com concentrações de açúcar tipicamente superiores a 20 % e rico em sacarose (Percival, 1965; Baker, 1975 e Wiklund *et al,* 1979). As abelhas têm um olfato muito desenvolvido e podem ser facilmente treinadas para associar a forragem a um determinado odor ou a uma mistura de odores.

Nas flores, os nectários podem desempenhar uma função vital na reprodução sexual das plantas, afectando os agentes de polinização (Davis *et al*

1998). Gardener e G illman (2002) também defendem que, ao procurar o néctar, os animais desempenham o papel vital de polinização. O néctar é um recurso biológico importante que é utilizado por uma vasta gama de animais como fonte de alimento. Além disso, de acordo com Faegri e Van der Pij I (1979), de todos os atractivos, o néctar é o mais atraente para todos os grupos de animais. Para atrair polinizadores como as abelhas, as moscas ou as borboletas a visitarem e polinizarem com êxito as suas flores, as plantas desenvolveram mecanismos e atractivos intrigantes, dos quais o néctar é o mais conhecido.

Entre os atractivos florais, o néctar pertence ao grupo dos atractivos primários. Uma vez descoberto numa flor, o néctar é, por si só, um poderoso atrativo e pode, até certo ponto, substituir outros atractivos visuais (Faegri e Van der Pijl, 1979).

Embora a ocorrência de nectários nas plantas seja conhecida desde há muito tempo, o seu papel vital na reprodução das plantas, com especial referência ao mecanismo de polinização, continua a ser uma área de investigação ativa ainda hoje.

Por conseguinte, as investigações sobre nectários, n e c t a r , diversidade de polinizadores, juntamente com a fenologia da floração e a dinâmica floral de dezasseis espécies de plantas economicamente importantes, nomeadamente *Citrus limon* (L.) (Rutaceae), (Rutaceae), *Butea monosperma* (Lamk.)

Vitex negundo (L.) (Verbenaceae) e *Antigonon Ieptopus* Hook. (Polygonaceae).

Fenologia da floração

Durante as presentes investigações, a fenologia da floração de espécies de plantas selecionadas, com as observações sobre o período de floração, a disponibilidade de flores, a dinâmica das flores e os visitantes florais disponíveis durante o período específico, permitiu compreender as relações entre as plantas e os seus visitantes florais. A sequência anual das fases das plantas, desde a germinação, passando pelo crescimento vegetativo, a floração, a dispersão das sementes e a senescência, é um dos aspectos mais marcantes da natureza. A temperatura, a humidade e o fotoperíodo são os principais factores que determinam a fenologia da floração. As variações da precipitação e da temperatura são as variáveis mais importantes que afectam a floração das plantas. A partir das observações sobre a fenologia da floração, em geral, sabe-se que a fenologia da floração está relacionada com as variações sazonais e as condições ambientais prevalecentes. Caso contrário, os estudos detalhados sobre a fenologia da floração e os factores envolvidos teriam sido um tópico de investigação independente. No entanto, durante as presentes investigações foi dada maior ênfase ao estudo do nectário, do néctar e dos visitantes florais. Dafni (1997) afirmou que o registo de eventos de floração (hora de ocorrência, duração e término) não é um objetivo *per se* em estudos de polinização, a menos que sejam estabelecidas implicações ou hipóteses. O registo de eventos de floração deve ser relacionado com outras variáveis, tais como: indivíduos, população e/ou espécies, parâmetros físicos, agentes biológicos, intensidade de publicidade e estrutura de recompensa.

De acordo com Zimmermann (1988), os estudos sobre a fenologia da floração, tal como os relativos à taxa de produção de néctar, abrangem uma vasta gama de tópicos. A fenologia da floração é sensível à pressão de seleção de variáveis como a disponibilidade de polinizadores e a competição interespecífica pelos seus serviços, a predação de sementes, a dispersão de frutos, as variáveis ambientais e as interações mutualistas entre espécies que coexistem. Os dados fenológicos da floração fornecem uma base sólida para estudos de polinização, uma vez que os eventos de floração estão relacionados com outras variáveis, tais como: indivíduos, populações e/ou espécies, parâmetros físicos, agentes biológicos, intensidade de publicidade e estrutura de recompensa. Para promover as descobertas sobre o nectário e o néctar, foram observados importantes eventos fenológicos de floração nas espécies-alvo.

Das dezasseis espécies de plantas estudadas, o período de floração de cinco espécies de plantas *(Murraya koenigii, Erythrina variegata, Quisqualis indica, Thevetiaperuviana e Bignonia unguis-cati)* foi durante o mês de março a maio. O período de floração de quatro espécies de plantas *(Citrus limon,)* foi durante o mês de novembro a janeiro. Durante os meses de junho a setembro, floresceram quatro espécies de plantas *(Citrus limon)*. Durante o mês de setembro a fevereiro, três espécies de plantas *(Antigonon leptopus)* floresceram (Tabela No. 1 a e 1b). Observou-se que durante os meses de janeiro, agosto e outubro apenas uma espécie de planta floresceu. A partir dos dados sobre a fenologia da floração, quatro espécies de plantas apresentaram floração duas vezes num ano (Tabela No.la e 1b). Assim, a fenologia da floração é um fenómeno intrínseco, que tem um impacto dos factores ambientais prevalecentes. A divergência na época de floração das espécies de plantas estudadas disponibilizou forragem suficiente para os visitantes florais.

Dinâmica das flores

A abertura da flor (antese) e a deiscência da antera são outros eventos fenológicos importantes na vida da flor. Sihag (1993) também enfatizou que a época de floração e antese da maioria das plantas está sincronizada com a disponibilidade de polinizadores abundantes. A floração diária também foi considerada como uma adaptação para a atração regular de polinizadores (Baker, 1961 e Faegri e Van derPijl, 1979).

O estudo da antese e da deiscência da antera é vital para a subsequente dispersão dos grãos de pólen na atmosfera. A libertação dos grãos de pólen e a sua dispersão facilitam a colocação dos grãos de pólen na parte recetiva feminina após uma polinização bem sucedida. A tarefa de colocação legítima dos grãos de pólen no estigma é uma função de importância vital, que se verifica ser efectuada pelos visitantes florais em geral e pelos polinizadores em particular.

Durante as presentes investigações, observou-se que as flores de *Citrus limon* abriam durante as 07.00-08.00 horas e que a deiscência da antera ocorria antes da antese (Quadro No.2), pelo que os grãos de pólen estão prontamente disponíveis para os visitantes durante as horas da manhã. Nessa altura, o néctar também já está disponível na flor para atrair os visitantes (quadro n° 2). A sincronização da antese e da deiscência da antera em *Citrus limon* revelou-se útil para a transferência de grãos de pólen. Da mesma forma, este tipo de sincronização da antese e da deiscência da antera foi observado durante este estudo em *Butea monosperma, Vitex negundo* e *Antigonon Ieptopus*, levando a uma polinização bem sucedida. No entanto, a deiscência das anteras foi observada após o período de uma a duas horas da antese. Consequentemente, tem um impacto no comportamento dos visitantes.

Observa-se que das dezasseis espécies de plantas estudadas, treze espécies apresentaram abertura de flores durante as horas da manhã e em três espécies foi durante as horas da noite (Tabela No.2). Verificou-se que o tempo de vida das flores difere consideravelmente entre as espécies de plantas estudadas, o que indica que as recompensas florais das flores individuais estão disponíveis para os visitantes durante um período muito específico. A duração da vida da flor em *Adhatoda zeylanica* foi muito notável e durou cinco dias. A quantidade e a concentração aumentam continuamente com a idade da flor (Gráficos 57, 58, 59 e 60) em *Citrus limon, Vitex negundo* e *Antigonon leptopus*, a duração da vida da flor é de 48 horas. horas em .

Como é um facto bem estabelecido, a cor das flores é um importante atrativo floral e um meio de publicidade das flores, fornecendo algumas pistas aos visitantes das flores, desempenhando um papel importante nas relações inseto-flor. A cor das flores e as mudanças de cor durante o período de vida da flor observadas durante este estudo são indicativas do nível de recompensa para o visitante da flor.

Em *Quisqualis indica*, as flores permanecem brancas até ao fim da tarde do dia de abertura das flores, tornam-se cor-de-rosa pela manhã do segundo dia e tornam-se vermelho-escuras ao fim da tarde do segundo dia. No primeiro dia, quando as flores eram brancas, só as traças visitavam as flores, mas as abelhas e os pássaros visitavam-nas no segundo dia, quando as flores se tornavam cor-de-rosa a vermelhas. Estas cores estão na gama do espetro visível das abelhas e das aves. Vários estudos demonstraram que as aves preferem sempre visitar as flores de cor vermelha (Raven, 1972; Proctor e Yeo, 1973 e Stiles, 1976).

Eisikowitch e Rotem (1987) estudaram a mudança de cor das flores em Quisqualis indica e o seu possível papel na partição de polinizadores e concluíram que a mudança de cor das flores serve geralmente como uma pista para a procura de polinizadores. Estes resultados corroboram as presentes observações. Em segundo lugar, a mudança de cor da flor também está associada à secreção de néctar.

Topografia e estrutura do nectário

Os nectários florais das Angiospermas são encontrados em diferentes partes florais (Fahn, 1953 e 1979a). A classificação mais satisfatória dos nectários numa base topográfica foi dada por Fahn (1952) e reconheceu cinco tipos principais como toral, ovarial, estilar, estaminal e perigonial. Os nectários que ocorrem dentro das flores estão diretamente associados à polinização. Rudramuniyappa e Manure (1998) apoiaram a relação funcional dos nectários com os polinizadores no ambiente circundante e tentaram fornecer os aspectos qualitativos do néctar, porque o néctar está intimamente relacionado com a ecologia da polinização, a biogeografia, a fisiologia e, em última análise, a evolução.

Fahn (1998) afirmou ainda que o problema da localização do nectário na planta é de interesse do ponto de vista filogenético. Os nectários florais podem estar presentes nas sépalas, nos estames, no recetáculo, no ovário e no estilo, situados em locais diferentes. Todas as espécies de plantas estudadas durante esta investigação mostraram variações na localização do nectário ou do tecido nectarífero. No entanto, invariavelmente, os nectários estão localizados ou no filamento/base da antera ou na base do ovário e do estilo em todas as plantas estudadas (quadro n.º 3). Por conseguinte, ao manipular a flor em busca de néctar durante o forrageamento, o visitante da flor aproxima-se naturalmente do nectário, o que, por sua vez, ajuda a transferir os grãos de pólen. Em Citrus limon, e Vitex negundo, os nectários estão localizados na base do ovário (quadro 3). Em Butea monosperma, os nectários situam-se nos filamentos e em Antigonon leptopus situam-se na base dos estames (quadro n.º 3).

Com o avanço das técnicas de microscopia ótica e eletrónica de varrimento, o interesse pelo estudo dos nectários aumentou nos últimos anos.
Os estudos recentes visam esclarecer o mecanismo de secreção do néctar floral e a ultra-estrutura dos nectários.

O nectário é definido anatomicamente como uma estrutura glandular mais ou menos localizada, frequentemente multicelular (alguns nectários são pêlos unicelulares) que ocorre em órgãos vegetativos ou reprodutivos e que segrega regularmente néctar, uma solução doce que contém principalmente açúcares e que serve geralmente como recompensa para os polinizadores ou para proteção (por exemplo, formigas) contra herbívoros, ou em plantas carnívoras, como isco para presas animais (Fahn, 1988 e Schmid, 1988)

Os nectários têm uma superfície muito caraterística, geralmente verde-amarelada escura e brilhante. As diferenças histológicas nos nectários estão principalmente relacionadas com a secreção do néctar. Nesta base, foram distinguidos diferentes tipos de tecido nectarífero. O néctar é exsudado do nectário pelas células epidérmicas normais, através de tricomas, ou pelas células do parênquima nectarífero, que segregam para os espaços intercelulares e deles saem para a superfície através de estomas modificados. As células a partir das quais o néctar é eliminado são designadas por células secretoras do nectário (Fahn, 1979).

Ao estudar a morfologia dos nectários florais discóides em Leguminoceae, Waddle e Lersten (1973) apoiaram o ponto de vista de Esau (1965) e afirmaram que os nectários florais variam em tamanho e forma, desde simples superfícies glandulares até protuberâncias conspícuas. Os nectários florais ocorrem mais frequentemente sob a forma de um anel ou bainha que rodeia a base do gineceu (Waddle e Lersten, 1973), o que também foi observado durante esta investigação, uma vez que cerca de dez espécies de plantas, ou seja, *Citrus limon, bicalyculata* e *Vitex negundo,* têm o disco nectarífero à volta do ovário. Este tipo de nectário floral envolvido na polinização deve ser chamado de "nectário nupcial" (Fahn,

1979, 1998; Gaietto, 1995; Rudramuniyappa e Manure, 1998 e Dafni *et al,* 2005).

O disco nectarífero anular recetacular que rodeia a base do ovário fornece néctar facilmente acessível aos visitantes da flor. Em *Butea monosperma,* verificou-se que as bases dos filamentos são nectaríferas.

CONCLUSÕES

A presença de nectários florais é um carácter biológico, uma vez que está relacionada com uma função vital de polinização. Além disso, a polinização é bem sucedida em muitas espécies de plantas como consequência da procura de néctar pelos polinizadores. Assim, a produção de néctar floral desempenha um papel importante na polinização das flores. As respostas dos polinizadores às diferenças na disponibilidade de néctar têm consequências importantes para o sucesso reprodutivo das plantas. O néctar é a principal recompensa para os visitantes florais/polinizadores na maioria das espécies de plantas estudadas durante esta investigação.

De entre todos os atractivos florais, o néctar é o que exerce maior atração sobre todos os grupos de animais. Para atrair polinizadores como as abelhas, as moscas ou as borboletas a visitarem e polinizarem com êxito as suas flores, o néctar é considerado o melhor atrativo.

A partir das observações sobre a fenologia da floração, em geral, nota-se que a fenologia da floração está relacionada com as variações sazonais e as condições ambientais prevalecentes. Os estudos de fenologia da floração permitiram obter informações sobre a estimativa temporal e quantitativa da disponibilidade de recursos para os polinizadores.

A época de floração e antese da maioria das plantas está sincronizada com a disponibilidade de polinizadores. Verificou-se que a floração diária é uma adaptação para a atração regular de polinizadores.

A diversidade na posição do nectário na parte floral mostrou um impacto no comportamento e na atividade dos visitantes florais.

A partir das observações, conclui-se que o momento da secreção do néctar varia entre as diferentes espécies de plantas e está geralmente relacionado com o momento das visitas dos polinizadores. O néctar é segregado com ritmos específicos, ao longo da vida de uma flor, o que é considerado muito fundamental para a compreensão da relação planta-animal. A estratégia das plantas para oferecer néctar, os padrões de atividade, a frequência e a diversidade dos polinizadores de uma espécie vegetal e as taxas de consumo de néctar pelos animais permitem compreender a relação planta-animal.

Os insectos polinizadores, especialmente as abelhas, desempenharam um papel importante na polinização das espécies vegetais selecionadas para investigação. É de notar que os polinizadores são altamente selectivos nas suas visitas florais e demonstraram escolher as flores que satisfazem as suas necessidades energéticas. Verificou-se que as abelhas antecipam as mudanças sazonais diurnas na recompensa calórica das suas plantas hospedeiras e ajustam as suas actividades de recolha aos ritmos de produção de néctar.

O comportamento forrageiro dos visitantes tem uma influência direta na reprodução das plantas.

Os polinizadores são altamente sensíveis a variações nas recompensas de néctar e alteram os seus padrões de comportamento de forrageamento com mudanças nas recompensas florais.

O comportamento de forrageamento das abelhas na recolha do néctar permite-lhes adaptarem-se à vegetação e às condições climáticas disponíveis. As caraterísticas florais também influenciam o comportamento dos polinizadores.

REFERÊNCIAS

Abrol, D. P. 1986. Adaptações eco-fisiológicas entre as abelhas polinizadoras e as suas flores. *Environ. Ecol.* 4: 161-162.

Abrol, D. P. e Kapil, R. P. 1991. Foraging strategies of honeybees and solitary bees as determined by nectar - sugar components. *Proc. Indian Nat. Sci. Acad.Bui.* 57(2): 127-132.

Abrol. D. P. 1992. Energética da produção de néctar em algumas cultivares de morangueiro como um indicador da escolha floral pelas abelhas. *Trop. Ecol.* 31 (1): 116 - 122.

Abrol, D.P. e Sihag, R.C. 1997. Pollination Energetics In: *PollinationBiologyBasic and applied principles,* por Sihag, R.C. (Eds.) Rajendra Scientific Publishers, Hisar, pp. 75-97: 75-97.

Ackermann, M. e Maximilian W. 2006. Néctar, morfologia floral e síndrome de polinização em Loasaceae Subfam. Loasoideae (cornales). *Anais de Botânica* 98:503514.

Ali, S. A. 1932. Flower birds and bird flowers in India. *J. of Bombay Nat. His. Soc.* 35: 573-605.

Anand, C, Umranikar, C, Shintre, P., Damle, A., Kale, J., Joshi, J. e Watve, M. 2007. Presence of two types of flowers with respect to nectar sugar in two gregariously flowering species. *J. Biosci.* 32: 769-77'4.

Arbo, M. M. 1972. Estructura y ontogenia des los nectarios foliares del ge'nero Byttneria (Sterculiaceae). *Darwiniana* 17: 104-198.

Arbo, M. M. 1973. Os nectários foliares de Magatritheca (Sterculiaceae). *Darwiniana* 18: 272-276.

Atwal, A. S. 1970. Polinização de culturas por insectos. Relatório final. PL - 480 Projectos. Punjab Agric. Univ. Ludhiana, Índia, pp. 115.

Atluri, J. B., Pumachandra, S. Rao e Subba Reddi, C. 2000. Ecologia da polinização de *Helicteres isora* Linn. (Sterculiaceae). *Current Science* 78: 713 - 718.

Bahadur, B., Reddy, N. P., Rao, M. M., Farooqui, S. M. 1984. Corolla handedness in oxalidaceae Linaceae and Plumbaginaceae. *J. Indian Bot. Soc.* 63: 408 - 411.

Bahadur, B., Chaturvedi, A. e Swamy, N. R. 1986. Nectários em Impatiens L.

(Balsaminaceae). *J. Swamy Bot. Cl.* 3: 181 - 184.

Bahadur, B., Subba Reddi, C, Aluri, J. S. R., Jain, H. K. e Swami, N. R. 1998.

Química do néctar. In: *Biologia dos Néctares: Estrutura, função e utilização.*

Bahadur, B. (eds.). Dattsons, Nagpur. pp. 21-39.

Beherens, W. J. 1879. Die nectarine der Bluten. *Flora* 62. pp. 2-457.

Baker, H. G. 1961. The adaptation of flowering plants to noturnal and crepuscular

pollinators (A adaptação das plantas com flor aos polinizadores noturnos e

crepusculares). *Quarterly Review of Biology* 36: 64 - 73.

Baker, H. G. e Baker, I. 1973. Alguns aspectos antecológicos da evolução das flores

produtoras de néctar, particularmente a produção de aminoácidos no néctar. In:

Taxonomia e ecologia. Heywood, V. H. (Eds.). London: Academic Press,

pp.243 - 264.

Baker, H.G. 1975. Concentrações de açúcar em néctares de flores de beija-flor.

Biotropica 7: 37 - 41.

Baker, H.G. e Baker, I. 1975. Estudos da constituição do néctar na coevolução

polinizador-planta. In: *Coevolution of Animals and Plants.* Gilbert, L.E. e

Raven, P.H. (eds.). University of Texas Press, Austin, pp. 100 - 140.

Baker, I. e Baker, H.G. 1976. Análises de aminoácidos em néctares de flores de híbridos

e seus progenitores com implicações filogenéticas. *New Phytol.* 76: 87 - 98. 192

Baker, H. G. e Baker, I. 1977. Constância intra-específica dos complementos de

aminoácidos do néctar floral. *Bot. Gaz.* 18: 183 - 191.

Baker, H. G. 1978. Aspeto químico do polinizador de plantas lenhosas nos trópicos:

Tropical Trees as Living system. (Eds.) Tomlinson, P. B. e Zimmerman,M. H.

Cambridge Univ. Press, Londres, pp: 57 - 82.

Baker, H. G. e Baker, I. 1979. Proporções de açúcar em néctares. *Phytochem. Bull.* 12:

43 - 45.

Baker, H.G. e Baker, I. 1982. Constituintes químicos do néctar em relação aos

mecanismos de polinização e fisiologia. In: *Biochemical aspects of evolutionary*

biology (Aspectos bioquímicos da biologia evolutiva). Nitecki, M.H. (Eds.).

Univ. of Chicago Press, Chicago, Illinois, pp. 131-172.

Baker, H. G., Baker, I. 1983. A brief historical overview of the chemistry of floral nectar. (Eds.). B. Bentley e T. S. Elias. In: *The biology of nectaries.* Columbia University Press, Nova Iorque.

Baker, H. G. and Baker, I. 1983 b. Floral nectar sugar constituents in relation to pollinator type. In: *Handbook of experimental biology.* Jones, C. E. e Little, R.J. (Eds.). Van Nostrand Reinhold, Nova Iorque. pp. 117 - 141.

Baker, H. G. e Baker, I. 1986. A ocorrência e o significado de aminoácidos no néctar floral. *Pl. Syst. Evol.* 151: 175 - 186.

Baker, H. G. e Baker, I. 1990. The predictive value of nectar chemistry to the recognition of pollination types. *IsraelJournal ofBotany* 39: 157-166.

Baum, S. F., Yuval, E. e John, L. B. 2001. O nectário de Arabidopsis é uma estrutura floral independente de ABC. *Desenvolvimento* 128: 4657-4667.193.

Beardsell D. V., Williams, E. G. e Knox, R. B. 1989. A estrutura e histoquímica do nectário e do tecido secretário da antera das flores de *Thryptomene calycina* (Lindl.) Stapf (Myrtaceae). *Aust. J. Bot.* 37: 65 - 80.

Bell, C. R. 1971. Breeding systems and floral biology of the Umbelliferae or evidence for specialization in unspecialized flowers. In: *The Biology and Chemistry of the Umbelliferae.* V. H. Heywood (eds.). Academic Press. Londres, pp. 93-108.

Bell, C. R. e Lindsey, A. H. 1978. The umbel as a reproductive unit in the Apiaceae. *Actes du 2c Sysposium international sur les Omebelliferes* (Pespignan, 1977). "Contributions pluridisciplianaires la systematique", Paru.739 - 747.

Bell, G. 1985. Sobre a função das flores. *Proc. R. B. Soc. London* 224: 223 - 265.

Belmonte, E., Cardemil, L., Kalin Arroya, M. J. 1994. Estrutura do nectário floral e composição do néctar em *Eccremocarpus scaber* (Bignoniaceae): uma planta polinizada por beija-flores do Chile central. *Amer. J. Bot.* 81, 493 - 503.

Bentley, B. L. 1977 a. Extrafloral nectaries and protection by pugnacious bodyguards. *Annu. Rev. Ecol. Syst.* 8: 407-427.

Bentley, B. L., 1977 b. The protective function of ants visiting the extrafloral nectaries of *Bixa orellana* (Bixaceae). *J. Ecol.* 65: 27 - 38.

Bernardello, L. M., Galetto, L. e Juliani, H. R. 1991. Néctar floral, estrutura do nectário e polinizadores em algumas Bromeliaceae argentinas. *Anais de Botânica* 83: 401-411.

Bernardello, G., Galetto, L. Jaramillo, J. e Grijalba, E. 1994. Composição química do néctar floral de algumas espécies da Reserva Rio Guajalito, *Equador.Biotropica* 26: 113 - 116. 194

Bernardello, G., Galetto, L. e Alicia, F. 1999. Composição química do néctar floral de algumas espécies da Patagónia. II. *Biochemical Systematics and Ecology* 27:779 - 790.

Bernardello, G., Galetto, L. e Anderson, G. J. 2000. Estrutura do nectário floral e composição química do néctar de algumas espécies da ilha Robinson Crusoé (Chile). *Canadian Journal of Botany* 78: 862 - 872.

Bernhardt, P. e Dafni, A. 1999. Sistema de reprodução e biologia da polinização de *Mandragora officinarum* L. (Solanaceae) no Norte de Israel. *Honra da Associação Escandinava de Ecologia da Polinização a Knut Faegri.* 1-10.

Berry, Eric. J. e David L. Gorchov. 2004. Biologia reprodutiva da palmeira dióica de subbosque *Chamaedorea radicalis* numa floresta nublada mexicana. Vetor de polinização, fenologia da floração e fecundidade feminina. *Journal of tropical ecology* 20 : 369 - 376.

Bertin, R. I. 1982. Biologia floral, polinização por beija-flores e produção de frutos de *Campsis radicans* (Bignoniaceae). *Am. J. Bot.* 69: 122-132.

Bhattacharya, A. 2004. Visitantes florais e fruteira de *Anacardium occidentale*. Ann. *BotFennici* 41: 385-392.

Biernaskie, J. M., Cartar, R.V. e Hurley, T. A. 2002. Partida de inflorescências avessas ao risco em beija-flores e abelhas: Poderão as plantas beneficiar de volumes de néctar variáveis? *Oikos* 98: 98-104.

Bino, R. J., Devente, N. Meeuse, A. D. J. 1984. Entomofilia na gimnosperma dioica Ephedra aphylla Forsk. com algumas notas sobre E. campylopoda C.A. Mey. II Gotas de polinização, nectários e secreções nectaríferas em Ephedra. *Proc. of Koninklijke Nederlandse Akademic van wetenschappen,series* C. 87: 1524.195.

Blem, C. R., Blem L. B., Felix, J., Van Gelder, J. 2000. Preferência por sacarose no beija-flor-ruivo: A precisão da seleção varia com a concentração. *Condor* 102: 235-238.

Bolten, A. B. e Feinsinger, P. 1978. Porque é que as flores dos beija-flores segregam néctar diluído? *Biotropica* 10: 307- 308.

Bolten A. B., Feinsinger P., Baker, H. G., Baker I. 1979. Sobre o cálculo da concentração de açúcar no néctar das flores. *Oecologia* 4 1: 3 0 1 - 304.

Bonnier, C. 1879. Les Nectaires, Etude Critique, Anatomique et Physiologique.Tese, Libraire de L'Acadamie de Medecine, Paris.

Boughton, V. H. (1985). Nectários extraflorais de algumas acácias Bipinnatc australianas. *Aust. J. Bot.* 33: 175-184.

Brown, W. H. 1938. The bearing of nectaries on the phylogeny of flowering plants. *Proc. Amer. Phil. Soc.* 79: 549 - 596.

Burquez, A. e Corbet, S. A. 1991. Do flowers reabsorb nectar? *Fund. Ecol.* 5: 369-379.

Burquez, A. e Corbet, S. A. 1998. Dinâmica da produção e exploração do néctar: Lições de *Impatiens glandulifera* Royle. In: Nectar *Biology:Sturcutre, function and utilization,* pp. 130 - 152.

Butler, G. D., Loper, G. M., Mc Gregor, S. E., Webster, J. L. e Margolis, H.1972. Quantidades e tipos de açúcares nos néctares do algodão *(Gossypium* spp.) e o momento da sua secreção. *Agron. J.* 64: 364 - 368.

Camerarius, J. R. (1665-1721). *Citações Clássicas.*

Canto, A., Ricardo P., Mónica M., Maria C. C. e Herrera, C. M. 2007. Variação intra-planta na composição do açúcar do néctar em duas espécies de Aquilegia 196 (Ranunculaceae): Contrasting patterns under field and glasshouse conditions√fnnals of Botany 99 (4): 653-660.

Castellanos, M. C, Wilson, P., Thomson, J. D. 2002. Dynamic nectar replenishmentin flowers of *Penstemon* (Scrophulariaceae). *American Journal of Botany* 89:111-118.

Caspary, J. X. R. 1848. Dissertatio inauguralis de Nectariis. Bonn. (Citado em Lorch,1978).

Chalcoff, V. R., Aizen, M. A. and Galetto, L. 2006 Nectar concentration and composition of 26 species from the temperate forest of South America. *Anais de Botânica* 97: 413 - 421.

Christ, P. e Schnepf, E. 1985. Os nectários de *Cynanchum Vincetoxicum*

(Asclepiadaceae). *Israel Journal of Botany* 34: 79-90.

Coon, C. S. 1955. The history of man. Londres: Johnathan Cape.

Corbet, S. e Willmer, P. G. 1981. O néctar de *Justicia* e *Columnea: Composição* e concentração num clima tropical húmido. *Oecologia* 51:412-418.

Corbet, S. A. 1978 a. A visão de uma abelha sobre o néctar. *Bee Wld.* 59: 25 - 32.

Corbet, S. A. 1978 b. As abelhas e o néctar de *Echium vulgare.* In: *The pollination of flowers by Insects.* Richards, A.J. (eds.). Academic Press, Londres, pp: 21 - 30.

Corbet, S. A. 1978 c. Visitas de abelhas e o néctar de *Echium vulgare* L. e *Sinapsisalba* L Flores nectaríferas: morfologia das borboletas e forma das flores.

Entomologia Experimental is et Applicata 96: 289 - 298. *Ecol. Ent.* 3: 25 -37.197

Corbet, S.

A., Unwin, D. M, e Prys - Jones, O. E. 1979. Humidade, néctar e

Visitas de insectos a flores, com especial referência a *Crataegus, Tilia* e

Echium.Ecol.Ent.4: 9-22.

Corbet, S. A., Willmer, P. G., Beament, J. W. L., Unwin, D. M. e Prys-Jones, O.E.1979. Determinantes pós-secretários da concentração de açúcar no néctar. *Plant cell and Environment* 2: 293 - 308.

Corbet, S. W. 1978. As abelhas e o néctar de *Echium vulgare.* In: *The pollination of flowers by insects.* A. J. Richards (eds). Academic Press, Londres, Inglaterra.pp.21-30.

Corbet, S. A., Unwin D. M., Prys - Jones, O. E., 1979. Humidade, néctar e visita de insectos às flores, com especial referência a Crataegus, Tilia e *EchiumEcological Entomology* 4: 9 -22.

Cruden, R.W., Herman, S.M., Peterson, S. 1983. Patterns of nectar production andplant - pollinator coevolution (Padrões de produção de néctar e coevolução planta-polinizador). In: *The biology of nectaries.* B. Bentley e T.S. Elias (eds.). Columbia University Press, Nova Iorque. pp. 80 -125.

Cruden, R. W. 1976. Fecundidade em função da produção de néctar e pólen - ovuleratios. In: *Tropical trees Variation and Breeding and conservation.* J. Burleyand B.T. Styles (eds.) Academic Press, London and New York. pp. 171 - 178.

Cruden, R. W. e Herman - Parkar, S. 1979. Polinização por borboletas de *Caesalpinia pulcherrima,* com observações sobre um Síndrome psicófilo. *J. Ecol.* 67:155-169.

Cruden, R. W. e Toledo, V. M. 1977. Polinização por papa-figos de *Erythrina breviflora* (Leguminosae): Evidências para uma visão politípica da ornitofilia. *Pl. Syst. Evol.* 126:393-403.198.

Cruden, R. W., Hermann, S. M. e Peterson, S. 1983b. Patterns of nectar productionand plant-pollinator coevolution (Padrões de produção de néctar e coevolução planta-polinizador). In: B. Bentley and T. S. Elias (Eds.) The biology of nectaries, Columbia University Press, New York, NY. pp. 223-241.

Dafni, A., Eisikowitch, D. e Ivri, Y. 1987. Fluxo de néctar e eficiência dos polinizadores em duas espécies co-ocorrentes de *Capparis* (Apiaceae) em Israel. *Pl. Syst. Evol.* 157: 181-186.

Dafni, A. 1990. Longevidade da flor de anúncio, recompensa e proteção do néctar em *Lablatae. Ata Hort.* 288: 342-346.

Dafni, A. e Kevan, P. G. 1994. Uma hipótese sobre aminoácidos complementares no néctar. *Evolutionary Theory* 10: 259 - 260.

Dafni, A., e Kevan, P. G. 1996. Simetria floral e guias de néctar: Restrições ontogenéticas do desenvolvimento floral, regras do padrão de cores e significado funcional. *Botanical Journal of the Linnean Society* 120: 371 - 377.

Dafni, A. 1997. A resposta *dos* escaravelhos *Amphicoma* spp. (Coleoptera : Glaphysidae) a modelos vermelhos que diferem em área, forma.

Dafni, A., Kevan, P. G. e Husband, B. C. 2005. *Practical pollination biology.* Environquest Ltd. Cambridge.

Darwin, C. 1862. *On the various contrivances by which British and foreign orchids are fertilized by insets.* Murray, Londres, Reino Unido.

Darwin, C. 1876. *The effects of cross and self - fertilization in the vegetable.* Kingdom, Londres, pp. 482.

Darwin, C. 1877. *The different forms oflowers on plants of the same species.* John Murray, Londres. 199

Dashad, S. S. e Jitender Kumar. 1998. Produção de açúcar de néctar e forrageamento de abelhas em diferentes cultivares de maçã *(Mains domestica* Borkh.). *Indian BeeJournal.* 60: 1215.

Daumann, E. 1970. Das Blutennektarium der Monocotyledon unter besonderer *Berucksi chtigang* seiner Systematischen and Phylogenetischen Bedeutung. *Feddes Repertorium* 80: 463 - 590.

Davis, A. R., Fowke, L. C, Sawhney, V. K. e Low, N. H. 1996. Floral nectar secretion and ploidy in *Brassica rapa* and *Brassica napus* (Brassicaceae). II Variabilidade quantificada da estrutura e função do nectário em linhas de ciclo rápido. *Annals of Botany* 77: 223-234.

Davis, A. 1997. Influência da visitação floral na composição do néctar - açúcar e mudanças na superfície do nectário em *Eucalyptus*. *Apidologie* 28: 27 - 42.

Davis, A. R., Pylatuik, J. D., Paradis, J. C. e Low, N. H. 1998. Nectar carbohydrate production and composition vary in relation to nectary anatomy and locationwithin individual flowers of several species of Brassicaceae. *Planta* 205: 305 -318.

Delpino, F. 1968-75. Ulteriori osservazioni sulla dichogamia net regno vegetable. I e II. *Atti Soc. Ital. Sci. Nat.* XI, XII.

Devlin, B. e Stephenson, A.G. 1985. Duração floral diferencial entre sexos, secreção de néctar e forrageamento de polinizadores em uma espécie protândrica. *Am. J. Bot.* 72: 303 -310.

Devlin, B., Horton, J. B. e Stephenson, A.G. 1987. Padrões de produção de néctar de *Lobelia cardinalis*. *The American Midland naturalist* 117: 289 - 295.

Dreisig, H. 1997. Porque é que algumas forrageadoras de néctar se empoleiram e outras pairam enquanto sondam as flores? *Evolutionary Ecology* 11: 543 - 55.200

Durkee, L. T. 1982. Os nectários florais e extraflorais de *Passiflora*. 11. Theextrafloral nectary. *Amer. J. Bot.* 69 (9): 1420- 1428.

Durkee, L. T. 1983. Ultraestrutura dos nectários florais e extra-florais. In: *The biology of nectaries*. B. Bentley e T. Elias (Eds.). Columbia University press, NewYork. pp. 1-30.

Eisikowitch, D. e Rotem, R., 1987. Orientação da flor e mudança de cor em *Quisqualis indica* e seu possível papel na divisão de polinizadores. *Botanical Gazette.* 148(2):
175-179.

Elias e Gelband. 1976. Morfologia e anatomia dos nectários florais e extraflorais em *Campsis* (Bignoniaceae). *Amer. J. Bot.* 63: 1349 - 1353.

Elias, T. S. 1972. Morfologia e anatomia dos nectários foliares de *Pithecellobium macradenium* (Leguminosae). *Bot. Gaz.* 133: 38-42.

Elias, T. S. 1980. Nectários foliares de estrutura invulgar em *Leonardoxa Africana* (Leguminosae): uma mirmecófita africana obrigatória. *Amer. J. Bot.* 67: 423 - 425.

Elias, T. S. 1983. Nectários extraflorais: sua estrutura e distribuição. In: *The biology uf neciur ies.* B. Bentley e T. S. Elias (Eds.). Columbia University, Press, Nova Iorque. pp. 174-203.

Elias, T. S. e Gelband, H. 1975. Néctar: sua produção e funções na trepadeira trombeta. *Ciência* 189: 289-291.

Elias, T. S., Rozich, W. R. e Newcombe, L. 1975. Os nectários foliares e florais de *Turnera ulmifolia* L. *Amer. J. Bot.* 62: 570 - 576.

Elisens, W. J. e Freeman, C. E.1988. Composição do açúcar do néctar floral e tipo de polinizador entre géneros do novo mundo na tribo Antirrhineae (Scrophulariaceae). *Am. J.Bot.* 75: 971-978. 201

Endress, P. K. 1994. Diversity and evolutionary biology of tropical flowers. Cambridge University Press, Cambridge.

Esau, K. 1965. *Anatomia vegetal.* New York.

Faegri, L., Van der Pijl, L. 1979. *Os princípios da ecologia da polinização.* 3r edn. Pergamon Press: Oxford.

Faegri, K. e Van der, Pijl. 1980. The principles of pollination ecology. PergamonPress, III eds. revista, Londres.

Fahn, A. 1952. Sobre a estrutura dos nectários florais. *Bot. Gaz.* 113: 464-470.

Fahn, A. 1953. A topografia do nectário na flor e a sua tendência filogenética. *Phytomorphology* 3: 424 - 426.

Fahn, A. 1979. Secretory tissues in plants. Academic Press, Londres.

Fahn, A. 1979 a. Ultrastructure of nectaries in relation to nectar secretion. *Amer. J. Bot.* 977 -985.

Fahn, A. 1987. Nectários extraflorais de *Sambucus niger* L. *Ann. Bot.* 60.Fahn,

A. 1988. Tecidos secretores nas plantas. *New Phytol.* 108: 229-257.

Fahn, A. 1998. Estrutura dos nectários e secreção de néctar. In: *Biologia dos Nectários: Structure, function and utilization.* Bahadur, B. (eds.). Dattsons, Nagpur. pp.1-20.

Farkas, A., Orosz-Kovacs, Z., Deri, H. e Chauhan, S.V.S. 2007. Nectários florais em algumas cultivares de maçã e pera, com especial referência ao fogo bacteriano. *Ciência Atual* 92: 1286-1289.

Feinsinger, P., 1978. Interações ecológicas entre plantas e beija-flores numa comunidade tropical sucessional; Ecol. Monogr. 48: 269 - 287.

Feinsinger, P. e Colwell, R. K. 1978. Organização comunitária entre aves de alimentação neotropicalnectarínea. *American Zoologist, Lawrence* 18 (4): 779 - 795. 202

Fenster, Charles B., George Cheely, Michele R. Dudash e Richard J. Reynolds. 2006. Recompensa do néctar e publicidade em *Silene virginica* (Caryophyllaceae) polinizada por beija-flores. *American Journal of Botany.* 93: 1800-1807.

Fischer, E., Leal, I. R. 2006. Efeito da taxa de secreção de néctar no sucesso de polinização de *Passiflora coccinea* (Passifloraceae) na Amazônia Central. *Brazilian J. Biol.*66 (2b).

Fonta, C. Pham. Delegue, M. H., Marilleau, R., Masson, C. 1985. Role des nectars de tournesol dans le comportement des insects pollinisateurs et analysequalitative et quantitative des elements glucidiques deces secretions. *Ata oecol Oecol Applic.* 6: 165-175.

Forcone, A., Galetto, L. e Bernardello, L. 1997. Composição química do néctar floral de algumas espécies de Patogonia. *Biochemical systematics and Ecology* 25: 395 - 402.

Frankel, R. e Galun, E. 1977. *Pollination mechanisms, Reproduction and Plant breeding.* Springer - Verlag, Berlim.

Frankie, G. W., Opler, P. A. e Bawa, K. S. 1976. Foraging behaviour of solitary bees: Implications for out crossing of a neo tropical forest tree species. *J. Ecol.* 64: 10491057.

Free, J. B. 1970. *Insect pollination of crop plants.* Acaemic Press, Londres.

Freeman, C. E., Reid, W. H., Becvar, J.E. e Scogin, R. 1984. Similaridade e aparente convergência na composição do açúcar do néctar de algumas flores polinizadas por beija-flores. *Botanical Gazette* 145: 132-135.

Freeman, C. E. e Reid, W. H., Becvar, J. E. 1983. Composição do açúcar do néctar em algumas espécies de *Agave* (Agavaccae). *Madrono.* 30 (3): 153 - 158. 203

Freeman, C. E. e Head, K. C. 1990. Temperatura e composição de sacarose de floralnectares em *Ipomopsis longiflora* em condições de campo. *Southwestern Naturalist* 35: 423 - 426.

Freeman, C. E. e Worthington, R. D. (1985): Algumas composições de açúcar no néctar de espécies do sudeste do Arizona e do sudoeste do Novo México. Madrono32:78-86.

Freeman, C. E., Richard, D., Worthington e corral, R. D. 1985. Alguns néctares florais - composições de açúcar de Durango e Sinaloa, México. *Biotropica.* 17: 309 - 313.

Friis, E. M. e Endress, P. K. 1990. Origem e evolução das flores de Angiospermas. *Advan. Bot. Res.* 17: 99-62.

Galetto, L. e Bernardello, L. 1992. Padrão de secreção de néctar e efeitos da remoção do néctar em três Pitcairnioidae (Bromeliaceae) da Argentina. *Botanica Ata* 105:292-299.

Galetto, L. e Bernardello, G. 1993. Padrão de secreção de néctar e efeitos de remoção em três Solanaceae. *Canadian Journal of Botany* 71: 1394 - 1398.

Galetto, L., Bernardello, G. e Juliani, H. R. 1994. Caraterísticas da secreção de néctar em Pyrostegia *venusta* (Ker - Gawl.) Miers (Bignoniaceae). *NewPhytologist* 127: 465 - 467.

Galetto, L. e Bernardello, G. 1995. Caraterísticas da secreção de néctar por *Lycium cestroides, L. Ciliatum* (Soloanceae) e seu híbrido. *Plant Species Biology* 11: 157163.

Galetto, L. 1995. Estrutura do nectário e caraterísticas do néctar em algumas Bignoniaceae.

Plant Syst. Evol. 196: 99 -121.204

Galetto, L., Bernardello, G. e Sosa, C. A. 1998. A relação entre a composição do néctar floral e os visitantes em *Lycium* (Solanaceae) da Argentina e do Chile: O que ela reflete? *Flora* 193: 303 - 314.

Galetto, L., Bernardello, G., Isele, I. C., Vesprini, J., Speroni, G. e Berdoa, A. 2000.

Biologia reprodutiva de *Erythrina* Cristagalli (Fabaceae). *Anais do Jardim Botânico do Missouri* 87: 127-145.

Galetto, L. e Bernardello, G. 2003. Composição do açúcar do néctar em angiospermas do Chaco e da Patagónia (Argentina): os visitantes animais são importantes? *Plant Systematics and Evolution* 238: 69-86.

Galetto, L. e Bernardello, G. 2004. Nectários florais, produção de néctar, dinâmica e composição química em seis espécies de *Ipomoea* (Convolvulaceae) em relação aos polinizadores. *Anais de Botânica* 94: 269 - 280.

Gardner, M.C. e Gillman, M. P. 2002. The taste of nectar-a área negligenciada da polinização. *Oikos* 98: 552-557.

Ginsberg, H. 1986. Comportamento de orientação da abelha melífera e a influência da distribuição das flores no movimento de forjamento. *Ecological entomology.* 11: 173-179.

Gill, F. B. 1988. Effects of nectar removal on nectar accumulation in flowers of *Heliconia imbricata* (Heliconiaceae). *Biotropica* 20: 169-171.

Goldblatt, Peter, John C. Manning e Peter Bernhardt. 2005. A biologia floral de *Melasphaerula* (Iridaceae : Crocoideae) : Será este género monotípico polinizado por moscas de março (Diptera : Bibionide).

Goldingay, R. L. 2005. Existe um padrão diurno para a secreção de néctar no *Corymbia gummiferal Cunninghamia.* 9: 325-329.

Gori, F. G. 1983. *Handbook of experimental Pollination Biology* (Eds.) Jones, C. E.e little, R. J.). Edições Científicas e Académicas, Nova Iorque. 205

Gottsberger, G. Arnold, T. e Liskens, H. F. 1990. Variação dos aminoácidos do néctar floral com o envelhecimento das flores. Contaminação por pólen e danos nas flores. *IsraelJournal ofBotany* 39: 167- 176.

Gottsberger, G., Schrawen, J. e Linskens, H. F. 1984. Aminoácidos e açúcares inectar, e seu significado evolutivo putativo. *Plant Syst. Evol* 145: 55 -77.

Goyal, N. P., Singh, M. e Kandoria, J. L. 1989. Role of insect pollination in seed production of carrot (Papel da polinização por insectos na produção de sementes de cenoura). *Indian Bee Journal* 51: 89 - 93.

Gracie, C. 1991. Observação da dupla função dos nectários em *Ruellia radicans* (Nees)Lindau (Acanthaceae). *Bull. Torrey Bot. Club.* 118: 188-190.

Grant, K. A. e Grant, V. 1968. *Hummingbirds and their flowers.* ColumbiaUniversity Press. Nova Iorque. Vol. VII. pp. 155

Grant, K. A. 1966. A hypothesis concerning the prevalence *Am. Nat.* 100: 85 - 98. Grant, V.

1949. Sistemas de polinização como mecanismos de isolamento em angiospermas. *Evolução* 3: 62 -97.

Guerin G. 2005. Biologia floral de *Hemigenia* e *Microcorys* (Lamiaceae). *Australian Journal ofBotany* 53: 147 - 162.

Gulyas, S. 1998. Nectários florais ao serviço da polinização de plantas cultivadas da Hungria. In: *Biologia dos Nectários: Structure, function and utilization.* Bahadur, B. (eds.).Dattsons, Nagpur. pp. 254 - 261.

Gupta, J. K., Jitender Kumar e Mishra, R.C. 1984. Nectar sugar production and honey bee foraging activity in different cultivars of cauliflower, *Brassica oleracea* Var. *botrytis. Indian Bee Journal.* 46: 21 - 22.

Hainsworth, F.R. e Wolf, L.L. 1976. Caraterísticas do néctar e seleção de alimento pelos beija-flores. *Oecologia (Berlin)* 25: 101 - 113. 206

Harborne, J. B. 1973. *Phytochemical methods.* Chapman and Hall, Londres. Harborne, J. B.

1982. *Introduction to Ecological Biochemistry.* 2nd eds. Académica Press, Londres, pp. 32 - 65.

Heads, P. A. e Lawton, J. H. 1985. Bracken, formigas e nectários extraflorais. III. Como os insectos herbívoros evitam e predam. *Ecol. Ecomol.* 10: 29- 42.

Heinrich, B. e P.H. Raven. 1972. Energetics and pollination ecology. - Science. 176:597-602.

Heinrich, B. 1975. Uber die Lokalisition verschiedener and its phylogenetic trend. Phytomorphology 3: 424-426.

Heinrich, B. 1975 a. Bee flowers: a hypothesis on flower variety and blooming times. *Evolution* 29: 325 - 334.

Heinrich, B. 1975 b. The role of energetics in bumblebee - flower interrelationships. Coevolução de plantas e animais. (Eds.) de L.E. Gilbert e P. H. Raven, pp. 141158.

Heinrich, B. 1976. A especialização de forrageamento de abelhas individuais. *Ecol. Monogra.* 46: 105 - 128.

Heinrich, B. 1979. *Bumblebee economic.* Harvard University Press. Cambridge, Massachusetts.

Hainsworth, F. R. and Wolf, L. L. 1972 A. volume da colheita, concentração de néctar e energia do beija-flor. *Comp. Biochem. Physiol.* 42: 359 - 366.

Hernandez, H. M. e Toleto, V. M. 1979. O papel dos ladrões de néctar e polinizadores na reprodução de *Erythrina leptorhiza. Ann. Missouri Bot. Gard.* 66: 512 -520.

Herrera, J. 1985. Nectar Secretion patterns in Southern Spanish Mediterranean Shrublands. *Journal of Ecology* 76: 274 - 287. 207

Herrera, J. 1986. Fenologia da floração e da frutificação nas terras arbustivas costeiras de Donana, Sul de Espanha. *Vegetatio* 68: 91-98.

Heyneman, A. J. 1983. Optimal sugar concentration of floral nectars - dependence on sugar in take efficiency and foraging costs. *Oecologia* 60: 198 - 213.

Herrera, C. M. 1993. Seleção na morfologia floral e determinantes ambientais da fecundidade em violetas polinizadas por traças. *Ecol. Monogr.* 63: 251 - 275.

Higginson, A. D., Gilbert, F. S. e Barnard, C. J. 2006. *Ecological Entomology.* 31:269276.

Hildebrand, F. 1867. *Die Geschlechter. Vertheilong bai den pjlanzen.* Engelmann, Leipzig.

Hodges, S. A. 1995. A influência da produção de néctar no comportamento da traça-do-tomateiro, na autopolinização e na produção de sementes em *Mirabilis multiflora* (Nyctaginaceae)*Am. J.Bot.* 82: 197-204.

Hodges, S. A. e Arnold, M. L. 1995. Spurring plant diversification: are floral nectar spurs a key innovation? *Actas da Sociedade Real de Londres. B.Biological Sciences* 262: 343 - 348.

Huber, H. 1956. Die Abhangigkeit der Nektarsekretion von Temperatur Luft and Bodenfeuchtigkeit. *Planta* 48: 47- 98.

Use, D. e Vaidya, V. G. 1956. Resposta espontânea da alimentação às cores em *Papilio demoleus* L. *Proc. Indian Acad. Sci.* 43: 23 - 31.

Inouye, D. W. 1980. The terminology of floral larceny. *Ecology, Washington* 61(5):1251- 1253.

Inouye, D. W., 1983. A ecologia do roubo de néctar. *In: The biology of nectaries.* B.Bentley, T. Elias, (eds.). Columbia University Press, Nova Iorque. pp. 153 - 173.208

Irwin, R. E., Brody, A. K. e Waser, N. M. 2001. The impact of floral larceny on individuals, populations and communities (O impacto do furto de flores em indivíduos, populações e comunidades). *Oecologia* 129: 161 - 168.

Jeffrey, D. C, Arditti, J. e Kopwitz, N. 1970. Sugar content in floral and extrafloralexudates of orchids; Pollination, Myrmecology and Chemotaxonomy implications. *New Phytol.* 69: 187- 195.

Jyothi, J. V. A. 1994. Frequência de visitação e abundância de *Apis cerana indica* F. em Mango *(Mangifera indica* L.) em Banglore, Índia. *Indian Bee Journal* 56 :35-36.

Kaczorowski, R. L., Gardner, M. C. e Holtsford, T. P. 2005. Nectar traits in Nicotiana section Alatae (Solanaceae) in relation to floral traits, pollinators, and mating system. *American Journal of Botany* 92: 1270-1283.

Kadmon Ronen (1992) Dynamics of forager arrivals and nectar renewal in flowers of *Anchusa strigosa. Oecologia* 92: 552 - 555.

Karp, K. M, Starast, M. M. e Paal, T. 2004. Produção de néctar de *Rubus amicus. Agronomy Research* 2 (1): 57-61.

Kartashova, N. N. 1965. Estrutura e função dos nectários das plantas com flores dicotiledóneas. (Em russo). Tomsk: Izdatel stvo Tomskogo Universiteta.

Kearns, C. A. e Inouye, D. W. 1993. Techniques for pollination biologists. Colorado, EUA: University Press of Colorado.

Keeler, K. H. 1980. Os nectários extraflorais *de Ipomoea leptophylla. Amer. J. Bot.*67:216- 222.

Keeler, K. H. 1977. Os nectários extra-florais *de Ipomoea. Carnea* (Convolvulaceae)*Amer. J. Bot.* 64: 1182 - 1188.209

Kevan, P. G. 1983. As cores das flores através dos olhos dos insectos: O que são e o que significam. In: Jones, C. E. e Little, R. J. eds. *Handbook of experimental pollination biology van NostrandReinholt.* Nova Iorque, pp: 3 - 30.

Kevan, P. G. e Baker, H. G. 1983. Insectos como visitantes e polinizadores de flores. *Ann.Rev. Entomol.* 28: 407-453.

Knuth. P. 1898. *Handuch der Blutenbiologie,* II 1.- Leipzig: Engelmann.

Knuth. P. 1909. Handbook of flower pollination. Solanaceae, 3: 150 - 160. Oxford University Press, Oxford.

Koul, A. K., Pushpa Koul e Hamal, I. A. 1986. Insectos em relação à polinização de algumas umbelíferas. *Bull. Bot. Surv. India.* 28: 1-4.

Kuchmeister, Heike, Use Silberbauer. - Gottsberger e Gerhard Gottsberger. 1997.

Floração, polinização, nectaricultura e nectários de *Euterpe precatoria* (Arecaceae), uma palmeira da floresta amazônica. *PI. Syst. Evol.* 206:71 - 97.

Lack, A. J. 1982. Competição por polinizadores na ecologia de *Centautea Scabiosa* L. e *Centaurea nigra* L. III. Visitas de insectos e número de polinizações bem sucedidas. *New Phytol.* 91: 321 - 339.

Langenberger, M. W. e Davis, A. R. 2002. Alterações temporais na produção, reabsorção e composição do néctar floral associadas à dicogamia na alcaravia anual *(Carum carvi;* Apiaceae). *Am. J. Bot.* 89: 1588 - 1598.

Lara Carlos e Juan Ornelas 2001. Roubo de néctar prefencial em flores com corolas longas: estudos experimentais de duas espécies de beija-flores visitando três espécies de plantas. *Oecologia.* 128: 263-273.210

Levin, D. A. e Kerster, H. W. ,970a. Phenolic dim,,rphism and poptdation fitness in *Phloxpihsa.* Evolution 24: 128- 134.

Lunge. U. 1977. Nectar composition and membrane transport of sugars and amino acids: A review of the present sate of nectar research. *ApUohgie* 8: 305 -320.

Malhca, S. A. 200,. Produção e consumo de néctar em flores de pau-couro, *Eucryphia lucida* (Eucryphiaccae). *Aust. J. Bot.* 49: 435 - 442.

Maloof, J. E. 2001. The effects of a bumble bee nectar robber on plant reproductivesuccess and pollinator behaviour. *American Journal of Botany* 88:1960-1965.

Manetas, Y. e Petropoulou, Y. 2000. Quantidade de néctar, duração da visita do polinizador e sucesso da polinização no arbusto mediterrânico *Cuius creticus*. *Annals of Botany 86: 815 - 820.*

Marginson, R., Sedgley, M., Douglas, T. J. e Knox, R. B. 1985 b. Structure andSecretion

dos nectários extraflorais das acácias australianas. *Isr, J. Bot.* 34: 91 -102.

McCann, C. 1933. A raposa voadora *(P. giganteus)* e o esquilo da palmeira *(F.tristiatus) como* agentes de polinização em *(Grevillea robusta* A.Cunn.), o carvalho sedoso. Journal *of Bombay Natural History Society* 36:761-764.

McDade, L. A. e Weeks, J. (2004). Néctar em plantas neotropicais polinizadas por beija-flores. II. Interações com visitantes florais. *Biotropica* 36: 216 - 230.

McDade, L. A. e Kinsman, S. 1980. The impact of floral parasitism in two Neotropical, humming bird pollinated species. Evolution 34: 944-958.

Melendez - Ackerman, E. J. 1997. Padrões de variação de cor e néctar em uma zona híbrida de *Ipomopsis* (Polemoniaceae). *Am. J. Bot.* 84: 41 - 4 7.

Mendonça, L. B. e Luiz dos Anjos. 2006. Comportamento alimentar de beija-flores e aves pernaltas em flores *de Erythrina speciosa* Andrews (Fabaceae) em uma área urbana, Londrina, Paraná, Brasil. *Revista Brasileira de Zoologia* 23 (1): 42 - 49.

Mesquida, J., Renard, M., Pellan-Delourme, R., Pelletier, G., Morice, J. 1988. Influence des secretions nectariferes des lignees males steriles pour la production de semences hybrids F, de Colza. In: *Variabilite genetique* 212 *cytoplasmique et sterilite male cytoplasmique.* Les colloques de I'NRA, 45: 269 -280.

Metcalf, C. R., e Chalk, L. 1979. Anatomia das dicotiledóneas. Vol. 1. 2ª Ed. Clarendon Press. Oxford.

Mishra, R. C. 1995. Honeybees and their management in India ICAR, New Delhi, pp.80

Mishra, R. C, Gupta, J. K. e Kumar, J. 1985. Nectar sugar production in Peach. *Prunuspersica* L. *Indian Bee J. 41:* 37-39.

Mitchell, R. J. e Waser, N.M. 1992. Adaptive significance of *Ipomopsis aggregatenectar* production: Pollination success of single flowers. Ecology. 73: 633- 638.

Mitchell, R. J. 1993. Significado adaptativo da produção de néctar de *Ipomopsis aggregata*: Observação e experimentação no terreno. *Evolution* 47: 25 - 35.

Muller, H. 1883. A fertilização das flores. Tradução. D'Arcy W. Thomson: Londres:

Macmillan. pp. 669.

Mulligan, G. A. e Kevan, P. G. 1973. Cor, brilho e outras caraterísticas florais que atraem insectos para as flores de algumas ervas daninhas canadianas - *Can. J. Bot.* 51: 19391952.

Nara, A. K. e Webber, A. C. 2002. Biologia floral e polinização de *Aechmea berriana*. (Bromeliaceae) cm vegetacao de baixio na Amazonia Central. *ActaAmaz.* 32:571588.

Navarro, L. 1999. Ecologia da polinização e efeito da remoção do néctar em *Macleania bullata* (Ericaceae). *Biotropica.* 31: 618 - 625.

Navarro, L. 2001. Biologia da reprodução e efeito do roubo de néctar na produção de frutos em *Macleania bullata* (Ericaceae). *Plant Ecol.* 152: 59 - 65.

Nepi, M. M., Guarnieri, E. e Pacini, E. 2001. Secreção de néctar, reabsorção e composição de açúcares em flores masculinas e femininas de *Cucurbitapepo. Int. J. PlantSci.* 162:353358.

Nepi, M. H. Human, S.W, Nicolson, L., Cresti, M. e Pacini, E. 2006. Estrutura do nectário e apresentação do néctar em *Aloe Castanea* e *A. greatheadii* var. *davyana* (Asphodelaceae). *PL Syst. Evol.* 257: 45 - 55.

Neupane, K. R., Dhakal, D. D., Thapa, R. B. e Gautam, D.M. 2006. *J. Inst. Agric.Anim. Sci.* 27:87-92.

Nicolson, S. W. e Nepi Massimo. 2005. Néctar diluído em atmosfera seca: Padrões de secreção de néctar em *Aloe castanea* (Asphodelaceae). *Int. J. Plant Sci.* 162:353-358.

Nicolson, S. W. 1995. Demonstração direta da reabsorção de néctar nas flores de *Grevillea robusta* (Proteaceae). *Functional ecology* 9: 584 - 588.

Nicolson, S. W. 1993. Baixas concentrações de néctar numa atmosfera seca: um estudo de *Grevillea robusta* (Proteaceae) e *Callistemon Viminalis* (Myrtaceae). *SouthAfrican Journal of Science* 89: 473 - 477.

Nunez, J. 1977. Fluxo de néctar pela flora melífera e fluxo de coleta por Apis melifera lligustica. *J. Insectphysiol.* 23: 265 - 275.

O' Brian, S. P., Loveys, B. R. e Grant, W. J. R. 1996. Ultra-estrutura e função dos nectários florais de *Chamelaucium uncinatum* (Myrtaceae). *Annals ofBotany* 78:

189-196.

Opler, P.A. 1983. Nectar production in a tropical ecosystem. In B. Bentley and T. S.Elias [eds.], *The biology of nectaries,* Columbia University Press, New York, pp. 30 - 79.

Pacini, E., Nepi, M. e Vesprini, J. L. 2003. Biodiversidade do néctar: uma breve revisão. *Plant Syst. andEvol.* 238: 7 - 2 1 .

Panda, P., Rath, L.K., Padhi, J. e Panigrahi, D. 1995. Relative abundance and foraging behaviour of common bee species on niger in Phulbani District, Orissa, India. *Indian bee Journal* 57: 10-14.

Patil, G. V. e Naik, S. G. 1986. Floral biology and behaviour of insect pollinatorson *Malachra capitata* L. and *Althaea rosea* L. In: Kapil, R. P. *(eds.).Pollination Biology: An analysis.* Inter India Pub, Nova Deli, pp. 267-271.

Percival, M. 1961. Tipos de néctar em angiospérmicas. *New Phytol.* 60 : 235 - 281.Percival, M.S. 1965. *Floral biology.* Pergamon Press, Londres.

Perret, M., Chautems, A., Spichiger, R., Peixoto, M., Savolainen, V. 2001. Composição do açúcar do néctar relacionada com as síndromes de polinização em Sinningieae (Gesneriaceae). *Anais de Botânica* 87: 267 - 273.

Petanidou, T., Ellis, W.N., Margais, N., Vokou, D. 1995. Restrições à fenologia da floração numa comunidade frígia (arbusto do Mediterrâneo Oriental). *AmericanJournal of Botany* 82: 607 - 620.

Petanidou, T" Van Laere, A. J. e Smets, E. 1996. Change in floral nectar components from fresh to senescent flowers of *Capparis spinose* (Capparidaceae), a nocturnally flowering Mediterranean Shrub. PlantSystematics and Evolution 199, 79 - 92.

Pierre, J., Guen, J Le., Pham Delegue, M. H., Mesquida, J., Marilleau, R., Morin, G.1996. Estudo comparativo da secreção de néctar e do poder de atração das abelhas de duas linhas de fava de primavera *(Viciafaba* L var *equina steudel). Apidologie* 27: 65-75.

Pleasants, J. M. 1983. Produção de néctar em *Ipomopsis aggregata* (Polemoniaceae). American Journal of Botany 70: 1468 - 1475.

Plowright R.C. 1981. Produção de néctar no lírio da floresta boreal *Clintonia borealis.*

Canadian Journal of Botany 59 : 156-160.

Proctor, M. e Yeo, P. 1972. *The pollination of flowers.* Taplinger. Nova Iorque. Proctor, M. e Yeo, P. 1973. *The Pollination of Flowers.* Collins: Londres.

Proctor, M., Yeo, P., Lack, A. 1996. *The natural history of pollination (A história natural da polinização).* Portland, OH: Timber Press.

Pyke, G. H, Day, L. P. e Wale, K. P. 1988. Ecologia da polinização do sino de Natal *(Blandfordia nobilis* SM): efeitos da adição de néctar artificial na remoção do pólen e na fixação das sementes. *Aust. J. Ecol.* 13: 279 - 284.

Pyke, G. H. 1991. Quanto custa a uma planta produzir néctar floral? *Nature* 350: 58 -59.

Pyke, G. H., Day, L. P. Wale, K. P. 1998. Ecologia da polinização do sino de Natal (Brandfordia nobilis SM): efeitos da adição de néctar artificial na remoção do pólen e na fixação das sementes. *Aust. J. Ecol.* 13:279 - 284.

Pyke, G. H. 1991. What does it cost a plant to produce floral nectar. *Nature* 350, No. 6313, pp. 58-59.

Rabinowitch, H. D. Fahn, A, Meir, T., Lensky, Y. 1993. Atributos da flor e do néctar das plantas de pimenta *(Capsicum annum* L.) em relação à sua atratividade para as abelhas *(Apis melliferaL.). Ann. Appl. Biol.* 123: 221 -232.

Raju, A. J. S., Rao, S. P. e Vijayasri, S. 2001. Foraging ecology of *Ceratina* and pollination in some Indian plants. *Indian Bee Journal.* 63: 35 - 44.

Raju, A. J. S. e Rao, S. P. 2006. Explosive pollen release and pollination as a function of nectar feeding activity of bees in the biodiesel plant, *Pongamiapinnata* (L.) Pierre (Fabaceae). *Current Science* 90: 960-967.

Raju, J. S., Aluri e Subba Reddi, C. 1996. Biologia floral e polinização *em Gliricidia sepium* (Fabaceae). *Jornal de conservação da natureza* 8 (1): 65 - 67.

Rangaiah, K., Solomon Raju, A. J., Purnachandra Rao, S. 2004. Polinização por aves passeriformes na árvore de coral indiana, *Erythrina variegata* var. *Orientalis* (Fabaceae). *Current Science* 87 : 736 - 739.

Rao, S. R. e Ramayya, N. 1998. Structure, distribution and phylogenetic significance of nectaries in Mai vales. *Nectory Biology; Structure, function and utilization,* pp. 4045.

Rao, G. M. e Suryanarayana, M. C. 1988. Estudos sobre a polinização da melancia *(Citrullus lunatus)* (Thunb.) Mansf. *Indian bee journal* 50: 5 - 8 .

Rathi, A. e Sihag, R.C. 1993. Atratividade diferencial de *Brassica campestris* L.e *Cajanus cajan* (L.) Millsp. para duas espécies de abelhas. In: *Pollination inTropics.* Veeresh, G.K., Uma Shankar, R. e Ganeshaiah, K.N. (Eds.), Publ. IUSSI -Ind. Chapter, Banglore, pp: 113 - 115.

Rathcke, B. E. P. e Lacey. 1985. Phenological patterns of terrestrial plants. *AnnualReviews of Ecological andSystematics.* 16: 179-214.

Rathcke, B. J. 1992. Distribuição do néctar, comportamento dos polinizadores e sucesso reprodutivo das plantas. In: M.D. Hunter, T. Ohgushi e P.W. Price (eds.). *The effects of distribution on animal-plant interaction.* Academic Press, San Dieyo. Raven,

P. H. 1972. Porque é que as flores visitadas pelas aves são predominantemente vermelhas? *Evolution.* 26:674.

Razem, F. A. e Arthur Davis. 1999. Alterações anatômicas e ultra-estruturais do nectário floral de *Pisum sativum* L.durante o desenvolvimento da flor. *Protoplasma* 206:57-72.

Real, L. 1981. Disponibilidade de néctar e forrageamento de abelhas em *Ipomoea* (Convolvulaceae). *Biotropica* 13 (Botânica Reprodutiva): 64 - 69.

Real, L. A. e Rathcke, B. J. 1991. Variação individual na produção de néctar e o seu efeito na aptidão em *Kalmia latifolia. Ecologia* 72: 149-155.

Reddi Subba, C, Aluri Raju, J. S. e Atluri, J. B. 1999. Foraging and pollination bythe digger Bee Amegilla. *Asian Bee Journal.* 1: 38 - 43.

Reddi Subba, C. 1998. Dinâmica dos néctares das borboletas. In: *Nectary Biology:Structure,function and utilization.* Bahadur, B. (eds.). Dattsons, Nagpur. pp. 153-162.

Reddi, T. B. e Subba Reddi, C. 1995. Polinização por borboletas de *Clerodendrum infortunatum* (Verbenaceae). *J. Bombay Nat. Hist. Soc.* 92: 166 - 173.

Reddy, T. B., Rangaiah, K., Reddi, E. U. B. e Subba Reddi, C. 1992. Consequences of nectar robbing in the pollination ecology of *Vitex negundo* (Verbenaceae). *Current Science.* 62: 690 - 691.

Roberts Mark W. 1995. O comportamento de lamber dos beija-flores e a energética da alimentação de néctar. *The Auk.* 112:456-463.

Rudall, P. J. 2002. Homologias de ovários inferiores e nectários septais em Monocotyledons. *Int. J. Pl. Sci.* 163: 261 -276.

Rudramuniyappa, C. K. e Manure, A. R. 1998. Ontogenia. Estrutura e histoquímica dos nectários florais em *Kigelia pinnata* DC (Bignoniaceae). In:*Nectary Biology; Structure, function and utilization.* Bahadur, B. (eds.). Dattsons, Nagpur. pp. 77-105.

Rust, R. W. 1977. Polinização em *Impatient capensis* e *Impatiens pallida* (Balasaminaceae). *Boletim do Clube Botânico de Torrey.* 104: 361 - 367.

Sadashivam, S. e Manickam, A. 1998. Métodos bioquímicos. New Age International (P) Ltd. Pubs. Índia.

Sadashivam, S. e Manickam, A. 2005. Biochemical methods. Second Eds. New Age International (P) Ltd. Pubs. Índia.

Sajo, M.G., Rudall, P. J. e Prychid, C. J. 2004. Floral anatomy of Bromeliaceae, with particular reference to the evolution of epigyny and septal nectaries in commelinid monocots. *Plant Syst. Evol.* 247: 215 - 231.

Salisbury, F.B., 1969. *Plant Physiology.* Wordsworth, Califórnia pp. 465.

Schilman Pablo, E. e Flavio Roces 2006. Energética de forrageamento de uma formiga que se alimenta de néctar: gasto metabólico em função da rentabilidade da fonte de alimento. Journal *of Experimental Biology.* 209, 4091-4101.

Schmid, R. 1988. Nectários reprodutivos versus extra reprodutivos: perspetiva histológica e recomendações terminológicas. *Bot. Rev.* 54: 179 - 252.

Schmid, R. 1985. Interpretações funcionais da morfologia e anatomia dos nectários septais. *Ata Botanica Neerlandica* 34: 125-128.

Schmitt, J. 1983. Fenologia da floração individual, tamanho da planta e sucesso reprodutivo em *Linanthus* e *rosácea,* uma planta anual da Califórnia. *Oecologia* 59: 135 -140.

Scoble, J. e Clarke, M. F. 2006. Disponibilidade de néctar e escolha de flores por spinebills orientais que forrageiam na correa da montanha. *Animal Behaviour* 72: 1387-1394.

Scogin, R. 1980. Pigmentos florais e constituintes do néctar de duas plantas polinizadas por morcegos: coloração, considerações nutricionais e energéticas. *Biotropica.* 12: 273 - 276.

Scogin, R. 1983. Visible floral pigments and pollinators, em C. E. Jones e R. J. Little (eds), Handbook of experimental pollination Biology. (Nova Iorque: Edições Científicas e Académicas) pp : 160 -172.

Shaffir, S., Bechar, A. e Weber, E. U. 2003. Cognition-mediatedcoevolutioncontext-dependent evaluations and sensitivity of pollinators to variability in nectar rewards. *Plant Systematics and Evolution* 238: 195-209.

Sherbrooke, W. C. e Scheerens, J. C. 1979. Nectários extraflorais (cálice e foliar) visitados por formigas e açúcares do néctar de *Erythrina flabelliformis* Kearney no Arizona. *Ann. Missouri Bot. Gard.* 66: 472-481.

Shuel, R. W. 1955. Nectar secretion. *Amer. Bee J.* 95: 229 - 234.

Sihag,R.C. 1997. Polinização - interação com pesticidas. In: *Biologia da Polinização: Princípios Básicos e Aplicados.* Sihag R. C. (Eds.). Rajendra Scientific Publishers, Itisarpp. 133142.

Sihag, R. C e Kapil, R. P. 1983. Estratégias de forrageamento das abelhas melíferas determinadas pela qualidade e quantidade de néctar. *Proc. 5th Inteml Symp. Polln. Versailles,* pp:51-59.

Sihag, R.C. e Kapil, R.P. 1984. Estratégias de forrageamento das abelhas melíferas determinadas pela qualidade e quantidade de néctar. In: *Proc. 5th Internal Sympo. Polln. Versailles.*pp. 51-59.

Sihag, R. C. 1982 a. Regulação ambiental do processo de polinização em culturas cultivadas. *Indian Bee J.* 44 (2): 42 - 45.

Sihag, R. C. 1990. Atratividade diferencial de duas espécies de crucíferas para as abelhas. In: *Social Insects and the Environment.* Veeresh, G. K. Mallik, B.e Viraktamath, C. A. (Eds.). Oxford e IBH Publ. Co. Pvt. Ltd. Nova Deli, pp. 434-436.

Sihag, R. C. 1993. Comportamento e ecologia da abelha carpinteira subtropical, Xylocopa fenestrata F.6. Hospedeiros de culturas e potencial de polinização. *J. Apic. Res.* 32: 94-101.

Sihag, R. C. e Abrol, D. P. 1986. Análise de correlação e coeficiente de caminho de factores ambientais que influenciam a atividade de voo de *Apisflo/fa* F. /. *Apic. Res.*25:202- 208.

Sihag, R. C. e Suman Shivrana. 1997. Foraging behaviour and strategies of the flower visitors. In: *Pollination Biology: Basic and applied principles.* Editora Científica Rajendra 53-73.

Silva, E. M. e Bill B. Dean. 2000. Efeito da composição e concentração do néctar nas visitas de abelhas (Hymenoptera: Apidae) a flores híbridas de cebola. *J. Econ. Entomol.* 93 (4): 1216-1221.

Singh, B. P., M. K. Singh e P. Chakrawarti. 1989. Influence of sugar concentrationon load carrying capacity of Indian honey bees. *Indian Bee Journal.* 51; 52 - 53.

Singh, K. K. e J. K. Maheshwari. 1989. Traditional herbal remedies among the Tharus of Bahraich district. U. P. Índia. *Ethnobotany* vol. 1. pp. 51-56.

Smets, E. F. Cresens, E. M. 1988. Tipos de nectários florais e os conceitos "carácter e carácter - estado - uma reconsideração. *Ata Bot. Neerl.* 37: 121- 128.

Smets, E.F., Ronse Decraene L. - P., Caris, P., Rudall, P.J. 2000. Nectários florais em Monocotiledóneas. In: Wilson K.L., Morrison D.A. (eds.) *MonocotsSystematics and evolution.* CSIRO, Melbourne, pp. 230 - 240.

Smith, I. 1960. *Chromatographic and Electrophoretic Techniques.* 2a ed. Vol.1 P.251 Heinemann, Londres.

Southwick E.E., Loper, G.M. e Sadwick, S.E. 1981. Nectar production, composition, energetics and pollinator attractiveness in spring flowers of western New York. *Am. J. Bot.* 68 (7): 994 - 1002.

Southwick, E.E. 1990. Floral nectar. *American Bee Journal* 130: 517 - 519. Southwick, E.E., G.M. Loper, e S.A. Sadwick. 1981. Nectar production, Composição, energia e atratividade dos polinizadores nas flores primaveris do oeste de Nova Iorque. *Amer. J. Bot.* 68: 994 -] 002.

Sprengel, C.K. (1793): Descoberta do segredo da natureza na estrutura e fertilização das flores. In: L Lyod, D.G. e Barret, S.C.H. (eds.): *Floralbiology.* Chapmon and Hall. Nova Iorque, 3 - 4 3.

Stepiczynska, M. 2003. Reabsorção de néctar no esporão de *Platanthera MoranthaCuster* (Rechb.), Orchidaceae. *Plant Syste. Evol.* 238: 119 - 126.

Stiles, F. G. 1976. Preferências de sabor, preferências de cor e escolha de flores em beija-flores. *Condor* 78: 10-26.

Stiles, F.G. e Freeman C. E. 1993. Patterns in floral nectar characteristics of somebird - visited plant species from Costa Rica. *Biotropica* 25: 191 - 205.

Stiles, F.G., 1975. Ecologia, floração e polinização por beija-flores em algumas espécies de *Heliconia* da Costa Rica.

Stout, J. C, J.A. Allen, e D. Goulson. 2000. Nectar robbing forager efficiency andseed set: Abelhas que forrageiam na planta auto-incompatível *Linaria vulgaris* (Scrophulariaceae). *Ata. Oecol.* 21: 277-283.

Subba Reddi, C. e Janki Bai, A. C. 1981. Biologia floral de *Mimusops elengi* L. *J.Nat. Bot. Hist. Soc. 11* (3): 471-475.

Subramanian, R.B. e Inamdar, J. A. 1985. Ocorrência, estrutura, ontogenia e biologia dos nectários em *Kigellia pinnata*. In: *Biologia dos Nectários: Structure, function and utilization*. Bahadur, B. (eds.). Dattsons, Nagpur.

Subramanian, R.B. e Inamdar, J.A. 1986. Nectários em Bignonia illiciumL. Ontogenia, estrutura e funções. Proc. *Indian Sci. (Plant Sci.),* 96: 135-140.

Subramanya, S., Radhamani, T. R. 1993. Pollination by birds and bats. *Current Science* 65: 201-209.

Takano, A., J. Gisil, M. Yusoff e T. Tachi. 2005. Comportamento floral e de polinizadores do gengibre flexistílico de Bornéu, *Alpinia* niuswenhuizii (Zingiberaceae). *Pl. Syste. Evol.* 252: 167-173.

Tanda, A.S. 1984. Comportamento de forrageamento de três espécies *de* Apis em Raya em relação à concentração de açúcar no seu néctar. *Indian Bee Journal.* 46: 4 - 6 .

Tandon, Rajesh, K.R. Shivanna e H.Y. Mohan Ram. 2003. Biologia reprodutiva de *Butea monosperma. Annals of Botany.* 92: 715 - 723.

Temles, Ethan J. 1996. Uma nova dimensão para o beija-flor. - relações florais. *Oecologia* 105: 517-523.

Temeles, E. J. e I.L. Pan. 2002. Efeito do roubo de néctar na duração da fase, volume de néctar e polinização numa planta protândrica. Int. J. Plant Sci. 163: 803 - 808.

Terrab Anass. J.L. Garcia-Castano, J.M. Romero, Regina Berjano, Clara De Vega e S.

Talavera 2007. Análise de aminoácidos no néctar de Silene colorata Poiret (Caryophyllaceae). *Botanical Journal of the Linnean Society.* 155, 49-56.

Thakur, S., Jienderkumar e R.C. Mishra. 1995. Nectar secretion, concentration andtype of nectar sugars and foraging by insects on almond, *Prunus amygdalus* Batsch. *Indian Bee Journal* 57: 1 - 5.

Thakur, S.S., R.C. Mishra e J itender kumar. 1997. Bloom visiting insects and theirforaging behaviour on almond, *Prunus amygdalus* Batsch. *Indian Be Journal59:* 157-160.

Thomas, V. e Dave, Y. 1992. Estrutura e biologia dos nectários em *Tecomaria capensis* Thunb. (Bignoniaceae). *Phytomor.* 39: 69 -74.

Thomson, J. D. 1988. Effects of variation in inflorescence size and floral rewards onthe visitation rates of traplining pollinators of *Aralia hispida. Evol.* 2: 65 - 76.

Tidke, J. A. e Dharamkar, R. O. 2003. Flowering phenology and pollen productionand insect behaviour in some ornamentals (Fenologia da floração e produção de pólen e comportamento dos insectos em algumas plantas ornamentais). *J. Phyto. Res.* 16 (1): 73- 76.

Tidke, J.A., e S.G. Gawande. 2005. Ecologia *da* polinização *de Lagerstroemia speciose* Pers. (Lythraceae). *InternationalJournal of Tropical agriculture.* 23: 55-59.

Torres, C. e Galetto, L. 2002. A composição do açúcar do néctar e o comprimento do tubo da corola estão relacionados com a diversidade de insectos que visitam as flores de Asteraceae. *Plant biol.* 4 :360-366.

Torres, C, e L. Galetto. 1998. Padrões e implicações da secreção de néctar floral, Composição química, efeitos de remoção e cultura em pé em *Mandevilla pentlandiana* (Apocyanaceae). *Bot. J. Linn. Soc.* 127: 207 - 223.

Van Wyk B. -E., Whitehead. C.S., Glen, H.F., Hardy, D.S., Van Jaarsveld E.J., Smith, G. 1993. Composição do açúcar do néctar na subfamília Alooideae (AsphodelaceaeV *Binrhem Svst* n-ioi-ii/i

Varassin, I. G., J. R. Trigo e M. Sazima 2001. O papel da produção de néctar, pigmentos florais e odor na polinização de quatro espécies de *Passiflora* (Passifloraceae) no sudeste do Brasil. *Bot. J. Linn. Soc.* 136: 139 - 152.

Vesprini, J. L., Nepi, M., Pacini, E. 1999. Estrutura do nectário, padrões de secreção de néctar e composição do néctar em duas espécies de *Helleborus*. *Plant Biol.* 1 : 560 - 568.

Vidal Maria Das Gracas, David De Jong, Hans Chris Wien e Roger A. Morse 2006.
Produção de néctar e pólen em abóbora *(Cucurbita pepo* L.). *Rev. Bras. Bot.* 29:113-116.

Voss, R.M., Turner, R., Inouye, M. Fisher, e R. Cort. 1980. Biologia floral de *Murkea neurantha* Hemsley (Solanaceae), uma epífita polinizada por morcegos. *Amer. Midi. Nat.* 103:262-268.

Waddington, K. D. e Heinrich, B. 1981. Patterns of movement and floral choice by foraging bees. Foraging behaviour: Ecological, Ethological and Physiological approaches (eds.) By, A. Kamil and T. Sargent. Garland STPMPress, Nova Iorque. pp. 215-230.

Waddle, R.M. e Nels R. Lersten. 1973. Morfologia dos nectários florais discóides em leguminosae, especialmente na tribo phaseoleae (Papilionoideae).

Wakhale, D.M., K Shakunthala Nair e B. Ramesh. 1981. Composição de açúcar em néctares de certas plantas. *Indian Bee Journal.* 43: 6 - 8.

Waller, G.D. 1977. Bee ecology and pollination. *Am. Bee J.,* 117: 670 -673.

Waser, N. M. 1983. A natureza adaptativa dos traços florais: idéias e evidências. In: RealL (eds.) *Pollination biolgy.* Academic Press, Londres, pp. 241 - 285.

Waser, N. M. 2001. *Polinização por animais.* Ency. Life Sci.

Wesselingh, R. A., Arnold, M. L. 2000. Pollinator behaviour and the evolution of *Louisiana iris* hvbrid zones. ./ *EvolBiol* 13* 171 ISO

Wetsching, W. e Depisch, B. 1999. Biologia da polinização de *Welwitschia mirabilis* Hook.
F. (Welwitschiaceae, Gnetopsida). *Phyton (Horn. Áustria)* 39: 167- 188.

Williams, C.S. 1997. Taxas de secreção de néctar, culturas permanentes e escolha de flores pelas abelhas em *Phacelia tanacetifolia. Journal of Apiculture Research.* 36:23-32.

Wiklund, C. T., Erikson e H. Lundberg. 1979. A borboleta branca *Leptideasinapis* e as suas plantas nectaríferas: um caso de mutualismo ou parasitismo? *Oikos* 33: 358-362.

Wist, Tyler J. e Arthur R. Davis.2006. Produção de néctar floral e anatomia e ultra-estrutura de Echinacea purpurea (Asteraceae). *Annals of Botany*. 97: 177-193.

Witt, T., Jurgens A., Geyer, R., Gottsberger G. 1999. Dinâmica do néctar e composição de açúcares em flores de espécies de *Silene* e *Saponaria* (Caryophyllaceae). *Plant. Biol.* 1:334-345.

Wolf, Dorris 2006. Nectar sugar composition and volume of 47 species of Gentianales from a Southern Ecuadorian Montone forest. *Anais de Botânica* 97: 767 - 777.

Wolfe, L. M. e Burns, J.L. 2001. Uma estratégia rara de floração contínua e a sua influência na qualidade da descendência numa planta ginodioécica. *American Journal ofBotany* 88: 14191423.

Wyatt, R. 1984. A evolução da autopolinização em espécies de afloramento granítico de *Arenaria* (Caryophyllaceae). I. Correlatos morfológicos. *Evolução* 38 : 804 -816.

Yumoto, T.Mumosf, K.e Nagahasu, H. 1996. Uma nova síndrome de polinização do esquilo numa floresta tropical no parque nacional de Lambir hills. *Tropics.9:*147-151.

Zandonella, P. 1972. Le nectaire floral des Centrospermales, localization,morphologies, anatomie, histology, Cytologic; these Univ. Claude Bernard, Lyon, 2 Vols.

Ziegler, H. 1956. Untersuchungen uber die Leitung and Sekretion der Assimilate. *Planta* 47: 447 - 500.

Zimmermann, J. G. 1932. Uber die extrafloralen Nektarien der Angiospermen. *Beth. Bot. Zbl.* 49A.-99-196.

Zimmermann, M. 1988. Nectar production, flowering phenology and strategies for pollination. Em J. Lovett Doust e L. Lovett (Doust) (Eds.). *Plant reproductive ecology,* pp. 157-158. Oxford University Press, Nova Iorque.

Zimmermann, M., 1983. Cálculo das taxas de produção de néctar: Néctar residual e forrageamento ideal. *Oecologia* 58: 258 - 259.

I want morebooks!

Buy your books fast and straightforward online - at one of world's fastest growing online book stores! Environmentally sound due to Print-on-Demand technologies.

Buy your books online at
www.morebooks.shop

Compre os seus livros mais rápido e diretamente na internet, em uma das livrarias on-line com o maior crescimento no mundo! Produção que protege o meio ambiente através das tecnologias de impressão sob demanda.

Compre os seus livros on-line em
www.morebooks.shop